RAL · NEU 研究报告 No. 0013

奥氏体-铁素体相变动力学研究

轧制技术及连轧自动化国家重点实验室
（东北大学）

U0341751

北 京

冶 金 工 业 出 版 社

2015

内 容 简 介

本书首先对奥氏体向铁素体相变动力学的基本理论与模型进行了简要介绍；然后从半经验半理论的 JMAK 模型和扩散控制相变理论模型两个方面进行详细阐述与建模研究。在 JMAK 模型下，探讨可加性法则的适用性与有效性，并基于 RIOS 分析方法对其进行了拓展，建立了一种通用性较强的 JMAK 模型建模方法。在扩散型相变理论下，主要研究了合金元素 Mn、Nb 与相界面的相互作用，建模数据与其他独立的实验分析、DFT 模拟结果相互印证，为微合金钢成分与工艺设计提供重要的理论指导。

本书对冶金企业、科研院所从事钢铁材料研究和开发的科技人员、工艺开发人员具有重要的理论参考价值，也可供高等院校钢铁冶金、材料科学、材料加工、热处理等专业的教师及研究生阅读、参考。

图书在版编目(CIP)数据

奥氏体-铁素体相变动力学研究／轧制技术及连轧自动化国家重点实验室(东北大学)著. —北京：冶金工业出版社，2015.9
(RAL·NEU 研究报告)
ISBN 978-7-5024-6980-1

Ⅰ.①奥… Ⅱ.①轧… Ⅲ.①奥氏体—铁素体—相变—动力学—研究 Ⅳ.①TG142.1

中国版本图书馆 CIP 数据核字(2015)第 199805 号

出 版 人 谭学余
地　　址 北京市东城区嵩祝院北巷 39 号　邮编　100009　电话　(010)64027926
网　　址 www. cnmip. com. cn　电子信箱　yjcbs@ cnmip. com. cn
策　　划 任静波　责任编辑　卢　敏　李培禄　美术编辑　彭子赫
版式设计 孙跃红　责任校对　卿文春　责任印制　牛晓波
ISBN 978-7-5024-6980-1
冶金工业出版社出版发行；各地新华书店经销；三河市双峰印刷装订有限公司印刷
2015 年 9 月第 1 版，2015 年 9 月第 1 次印刷
169mm×239mm；6.75 印张；105 千字；97 页
42.00 元

冶金工业出版社　投稿电话　(010)64027932　投稿信箱　tougao@cnmip. com. cn
冶金工业出版社营销中心　电话　(010)64044283　传真　(010)64027893
冶金书店　地址　北京市东四西大街 46 号(100010)　电话　(010)65289081(兼传真)
冶金工业出版社天猫旗舰店　yjgycbs. tmall. com
(本书如有印装质量问题，本社营销中心负责退换)

研究项目概述

1. 研究项目背景与立题依据

在中国，钢的生产与应用可以追溯至春秋晚期，距今已有 2500 多年的历史。直到今天，钢仍然是实际应用中最重要的结构材料之一。与其他材料一样，钢的各项性能也取决于化学成分与微观组织。相较于其他材料，由于钢中复杂的物理冶金学演变行为（包括回复、再结晶与相变等），钢可以具有多样化的微观组织以及相对应的丰富的综合性能，极大地拓宽了钢的应用领域，而且这一趋势仍然向前发展。

相变是控制钢的微观组织（包括相组成、比例和形貌等）的关键环节，间接地决定了钢的强度、塑性、成形性等使用性能。因此，相变是材料科学与材料加工科学的重要理论基础。在固态相变的研究过程中，相变热力学和动力学分别表征了相变的方向和途径。根据能量最低原理，相变总是朝着能量减小的方向，选择阻力最小、速度最快的途径进行；而相变动力学描述的是新相体积分数与时间或温度等路径参数的关系。

从 20 世纪八九十年代开始，相变路径的控制与相变动力学的预测成为相变研究领域的一个热点，科研工作者们寄希望于通过大量实验室条件下的模拟实验，建立化学成分、等温或连续冷却工艺与微观组织之间的内在联系，其中半经验半理论性的 JMAK 模型受到极大的关注。然而，在此过程中，JMAK 模型与可加性法则的适用性始终处于争议之中；另外，JMAK 模型应用范围有限，即只能应用于模型开发时针对的化学成分和工艺范围，模型的拓展应用具有很大的不确定性。因此，人们开始将更多的精力转向相变热动力学本质的研究，即晶格结构的改变、元素扩散、相平衡与合金元素的作用等。在这一方向的研究中，合金元素对相界面的作用（是改变相平衡？还是降低相界面迁移的有效驱动力？）是研究的重点。

本研究报告归纳了东北大学轧制技术及连轧自动化国家重点实验室近年来在相变动力学基础研究领域的工作，其中既涉及简单、易用的 JMAK 模型，也包括基于界面反应与扩散的相变理论模型，并重点针对奥氏体向铁素体相变的热力学与动力学。

2. 研究进展与成果

（1）对 JMAK 模型进行了系统的阐释，通过对 RIOS 方法的修正与拓展，建立了基于 JMAK 模型的连续冷却相变动力学建模方法。

（2）采用界面反应控制相变模型，建立了 Fe-Mn 合金奥氏体向铁素体相变动力学理论模型，并对 Mn 与相界面的相互作用进行了定量分析。研究结果表明，Mn 与相界面的结合能随着 Mn 含量的增加而降低，这与相界面内存在偏好的原子位置相关。

（3）采用混合相变模式与固溶拖拽模型，模拟了不同固溶 Nb 含量下的奥氏体向铁素体连续冷却相变动力学；得到 Nb 穿越相界面的扩散系数及 Nb 与相界面的相互作用能，与其他理论、实验研究相对比，进行了深入分析。

3. 论文

（1）T. Jia, M. Militzer. The Effect of Solute Nb on the Austenite-to-Ferrite Transformation[J]. Metallurgical and Materials Transactions A，2014，46(2)：614～621.

（2）M. Militzer, F. Fazeli, T. Jia. Fundamentals and Applications of Mo and Nb Alloying in High Performance Steels[J]. Volume 1，H. Mohrbacher, ed. , CBMM/IMOA/TMS，2014，23～36.

（3）T. Jia, M. Militzer. Modeling Phase Transformation Kinetics in Fe-Mn Alloys[J]. ISIJ International，2012，52(4)：644～649.

（4）F. Fazeli, T. Jia, M. Militzer. Critical Assessment of Bainite Models for Advanced High Strength Steels[J]. Solid State Phenomena，2011，172～174：1183～1188.

（5）T. Jia, M. Militzer, Z. Y. Liu. General Method of Phase Transformation Modeling in Advanced High Strength Steels[J]. ISIJ International，2010，50(4)：

583 ~ 590.

（6） T. Jia, Z. Y. Liu, X. Q. Yuan, X. H. Liu, G. D. Wang. Conversion between non-isothermal and isothermal transformation kinetics of γ to α for C-Mn and Nb microalloyed steels [J]. Materials Science and Technology, 2007, 23 (7): 780 ~ 786.

4. 项目完成人员

姓　名	职　称	完　成　单　位
王国栋	教授（院士）	东北大学 RAL 国家重点实验室
刘振宇	教　授	东北大学 RAL 国家重点实验室
贾　涛	副教授	东北大学 RAL 国家重点实验室

5. 报告执笔人

贾涛。

6. 致谢

本研究工作是在王国栋院士、刘振宇教授的悉心指导下完成的，东北大学轧制技术及连轧自动化国家重点实验室为本研究提供了良好的科研环境，在此表示衷心的感谢。

特别感谢加拿大 UBC（University of British Columbia）大学 M. Militzer 教授，除了给予研究资助以外，他将本研究工作引入了一个更深的层次，加深了项目参与人员对相变本质的认识。M. Militzer 教授严谨的科研态度值得我们一生去学习，在此，向他表示诚挚的感谢。

感谢巴西 Fluminense 联邦大学的 P. R. Rios 教授在铁素体相变建模研究中给予的讨论和启发，感谢刘东升老师、S. Sarkar 博士、袁向前博士、朱本强博士提供实验数据，以及在研究工作中的有益探讨。

本报告所涉及的科研工作得到国家自然科学基金（50474086、51204048）、国家"十一五科技支撑"项目（2006BAE03A08）以及加拿大自然科学和工程研究委员会（Natural Science and Engineering Research Council of Canada）的资助，也在此表示感谢。

目　　录

摘　　要

　　钢铁材料的力学性能是由微观相尺寸、相分布及相比例直接决定的，而相变是控制微观组织特征最重要的物理冶金学行为。通过定量化研究相变热动力学及合金元素与相界面迁移的相互作用，可以实现相变进程的精确控制，对微观组织与力学性能的稳定化控制、新钢种与新工艺的开发具有重要的理论与实际意义。相变热动力学建模可以分为经验与理论模型两种，基于JMAK方程和可加性法则的半经验半理论模型因其简单易用性，在实际应用中得到了广泛的推广；而基于界面迁移与元素扩散的理论模型从相变本质的角度对其进行描述，合金元素对相界面迁移的作用得以体现，避免了JMAK模型只适用于建模合金及实验条件范围的缺陷。本研究报告归纳了东北大学轧制技术及连轧自动化国家重点实验室近年来在相变动力学领域的研究工作，主要包括：

　　（1）连续冷却过程中可加性法则有效性的研究。针对4种不同成分的Nb微合金钢，采用热膨胀实验测定了不同冷却速度条件下奥氏体向铁素体的相变动力学。首次将RIOS推导的理论方法应用于连续冷却过程相变建模，利用相变初期数据拟合 $\ln\ln[1/(1-X)]$ 和 $\ln(|C_R|)$（C_R—冷却速率），获得了很好的线性关系，计算得出了 Johnson-Mehl-Avrami-Kolmogorov（JMAK）方程中的指数 n。当结合 RIOS 方法计算的动力学参数 k 用于连续冷却相变预测时，产生了较大的偏差。而通过假设参数 k 与温度呈高斯函数关系，采用优化方法计算出的参数 k 表明了与冷却速率的相关性，用于预测连续冷却相变动力学时获得了较高的精度。研究表明如果将冷却速率的因素考虑在内，可加性法则基本成立。

　　（2）基于数值分析的连续冷却过程相变建模。在RIOS方法的基础之上，开发了用于分析连续冷却热膨胀数据的数值方法，从数学的角度解决了连续冷却相变动力学的建模问题。通过预设 JMAK 方程中的指数 n 和温度梯度

ΔT，利用可加性法则计算出相变任意时刻的参数 k。通过不同冷速条件下参数 k 的对比分析，得到参数 k 与温度的关系及与已相变分数 X 的相关性；综合应用 RIOS 方法和基于 JMAK 方程与可加性法则的建模新方法，建立了 TRIP 钢和 CP 钢相变动力学模型，模型预测值与实测值吻合良好，充分验证了建模方法的有效性。

（3）Fe-Mn 合金界面反应控制相变动力学建模。针对 Fe-0.1Mn、Fe-1Mn 和 Fe-2Mn 合金，采用连续冷却相变实验建立了 CCT 动力学数据库。考虑界面反应控制相变模式，并耦合 Mn 的固溶拖曳效应，从理论的角度描述了奥氏体→铁素体相变动力学。通过采用 Fazeli 和 Militzer 的固溶拖曳模型，建模获得了包括界面本征迁移率、Mn 的界面扩散系数及 Mn 与相界面相互作用能等界面物理参数。与基于 JMAK 方程与可加性法则的经验模型不同的是，除了 Mn 与界面的相互作用能这一参数之外，本模型采用一套物理参数描述了所有实验合金与实验条件下的相变动力学。Mn 与界面的相互作用能随着 Mn 含量的增大而减小。这是由于相界面内存在偏好的位置具有较高的结合能，随着更多的 Mn 原子偏聚到相界面，平均结合能逐渐降低。

（4）含 Nb 钢混合控制相变动力学建模。Nb 是钢中常用的微合金元素，通过固溶拖曳效应抑制奥氏体向铁素体相变。因此，非常有必要对 Nb 对相变动力学的影响进行定量分析。针对一种低碳含铌（Nb 的质量分数为 0.047%）钢，通过精细设计的热模拟实验，研究了在不同固溶 Nb 含量条件下的连续冷却相变行为。基于混合相变模型和 Fazeli 和 Militzer 开发的固溶拖曳模型，对奥氏体向铁素体相变动力学进行了建模研究。在模型中，获得了相界面的本征迁移率、Nb 穿过相界面的扩散速率，以及 Nb 与相界面相互作用能。通过与其他理论、实验研究结果相对比，对这些界面关键物理参数进行了深入分析。

关键词：JMAK 方程；可加性法则；RIOS 方法；界面迁移率；固溶拖曳；相变；Fe-Mn 合金；Nb 钢；TRIP 钢；复相钢

1 绪　　论

在科学研究中，我们一直追求的是将大自然中的现象进行定性化与定量化，以推动科学的进步，针对相变的研究也不例外。在相变理论研究中，推动相界面迁移的元素扩散与界面反应是关注的重点，而定量化描述各物理冶金学行为在此过程中的能量消耗、相互间的速度匹配及不同相变模式转换等仍是当前理论研究的热点，并逐步应用于新材料与新工艺的开发，以及新的实验现象的解释等领域。与此同时，始于 20 世纪八九十年代，以定量化模拟与预测热轧过程组织演变与力学性能为目的的物理冶金学行为建模，也逐渐成为钢铁材料科研工作者的关注热点。其中，描述相变动力学过程的 JMAK 模型因其简单、易用性得到最为广泛的应用。

1.1　JMAK 模型[1~3]

JMAK 模型考虑了相变过程中的形核、长大及相互碰撞三个独立的过程，通过建立形核与长大模型，并采用碰撞模型将两者整合得到一个完整的相变动力学表达式。

1.1.1　形核模型

JMAK 模型涉及的形核模型包括连续形核、位置饱和形核、Avrami 形核和混合形核。

在连续形核模型中，形核率取决于原子通过新相和母相界面的速率，其形式可用 Arrhenius 关系表达：

$$\dot{N} = N_0 \exp\left[\frac{-Q_N}{RT(t)}\right] \tag{1-1}$$

式中　Q_N——与温度无关的形核激活能。

在连续形核时，形核率是与时间无关的量，而在等温相变时为常数。

位置饱和形核（Site Saturation Nucleation）是在应用 JMAK 模型时常见的一种形核模式，即新相的晶核在相变开始时已存在于母相中，其数量在随后的相变过程中也保持不变，这可以表示为：

$$\dot{N} = N^{*}\delta(t - 0) \tag{1-2}$$

式中，$\delta(t-0)$ 为 Dirac 函数，即：

$$\delta(t - 0) = \begin{cases} 0, t \neq 0 \\ \infty, t = 0 \end{cases} \qquad \int_{-\infty}^{+\infty} \delta(t - 0)\mathrm{d}t = 1 \tag{1-3}$$

Avrami 形核是指，母相中的亚临界晶核数目随着相变进行从 N' 逐渐减小，而单个亚临界晶核转变为临界晶核的发生概率为 n，即新相形核率为：

$$\dot{N} = N'n\exp(-nt) \tag{1-4}$$

而混合形核模型意味着以上任意两种形核模式的组合。

1.1.2 生长模型

在 JMAK 模型中只考虑了扩散控制和界面控制两种生长模式。在扩散控制模式下，母相中的长程扩散控制新相的长大，扩散特征长度可表示为 $L = (Dt)^{1/2}$，则新相的体积为：

$$Y = gL^{d} \tag{1-5}$$

式中　g——几何因子；

　　　d——生长维数（$d = 1, 2, 3$）。

在界面控制模式下，相界面迁移控制新相的长大，而界面两侧原子的相互流动决定了界面的迁移率。考虑单个新相晶核，其体积可按下式计算：

$$Y = g\left(\int_{\tau}^{t} J\mathrm{d}t\right)^{d} \tag{1-6}$$

其中原子穿过相界面的净流量与相界面的能量势垒和相变驱动力有关。因此，无论是扩散控制，还是界面迁移控制，新相单个晶核的体积均可表示为：

$$Y(t,\tau) = g\Big[\int_{\tau}^{t} v(T)\,\mathrm{d}t\Big]^{\frac{d}{m}}$$

$$v(T) = v_0 \exp\Big(-\frac{Q_G}{RT}\Big) \tag{1-7}$$

式中，$m = 1$，2（1—界面迁移控制生长；2—扩散控制生长）。

1.1.3 碰撞模型

单位体积在 τ 时刻 $\mathrm{d}\tau$ 时间内产生的新晶核数目为 $\dot{N}(T(\tau))\mathrm{d}\tau$。在不考虑新相晶粒间的相互碰撞条件下，每个新相晶粒的体积可由（1-7）式求出，则新相的扩展体积（extended volume）为：

$$V^e = \int_0^t VN(T(\tau))Y(t,\tau)\mathrm{d}\tau \tag{1-8}$$

式中　V——系统的体积。

在实际相变中，新相不可能无限长大而不发生相互碰撞，因此需要考虑新相真实体积 V^t 与扩展体积间 V^e 的相互关系。

假设新相晶核随机分布于母相中，新相的真实体积增量与扩散体积增量成正比，比例为 $(V-V^t)/V$，即相变体积分数为：

$$f = \frac{V^t}{V} = 1 - \exp\Big(-\frac{V^t}{V}\Big) \tag{1-9}$$

1.1.4 等温转变动力学

综合以上形核模型、生长模型及新相碰撞模型，可以得到描述相变动力学的最终解析模型。例如，对于等温连续形核相变，其新相扩展体积为：

$$V^e = \int_0^t VN(T(\tau))Y(t,\tau)\mathrm{d}\tau$$

$$= \int_0^t VN_0 \exp\Big(-\frac{Q_N}{RT}\Big)\Big[\int_{\tau}^{t} v_0 \exp\Big(-\frac{Q_G}{RT}\Big)\mathrm{d}t\Big]^{\frac{d}{m}}\mathrm{d}\tau$$

$$\dot{=} \frac{VN_0 v_0^{\frac{d}{n}}}{\frac{d}{m} + 1} \exp\left(-\frac{Q_N + \frac{d}{m}Q_G}{RT}\right) t^{\frac{d}{m}+1} \tag{1-10}$$

则新相的体积分数为：

$$f = 1 - \exp\left[-K^n \exp\left(-\frac{nQ}{RT}\right) t^n\right] \tag{1-11}$$

其中 $n = \frac{d}{m} + 1$，$K^n = \frac{gN_0 v_0^{d/m}}{d/m + 1}$，$Q = \frac{Q_N + Q_G \cdot d/m}{n}$。选择不同形核与生长模式，最终相变分数的表达式均可精简为式（1-11），即经典的 JMAK 方程。

1.2 基于 JMAK 方程的连续冷却相变动力学

连续冷却过程中的相变也是组织-性能建模研究中最复杂的一部分，受到轧钢领域学者的广泛关注与研究[4~6]。在建立相变模型的时候，人们首先想到的就是描述等温相变过程的 Johnson-Mehl-Avrami-Kolmogorov（JMAK）方程[1,2]和可加性法则[7]，式（1-12）为经典 JMAK 方程式（1-11）的简化模式。

$$X(t) = 1 - \exp\left[-k(T) \cdot t^n\right] \tag{1-12}$$

式中　k，n——经验参数；

　　　　X——随时间变化的相变分数。

$$\int_0^{t_0} \frac{\mathrm{d}t}{\tau(X_0, T)} = 1 \tag{1-13}$$

式中　$\tau(X_0, T)$——在温度为 T 的等温状态；

　　　　t_0——在连续冷却的条件下达到相变分数 X_0 所需要的时间。

Avrami 首先将可加性法则结合 JMAK 方程应用于连续冷却相变动力学的建模，是计算冶金学一个重要的里程碑。图 1-1 是可加性法则用于计算连续冷却过程铁素体相变开始温度的示意图。

1.2.1 可加性法则的有效性

尽管可加性法则作为从恒温相变到变温相变的唯一转换方法被大量应用

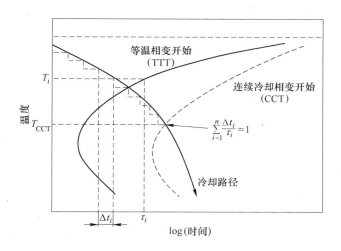

图 1-1 可加性法则应用示意图

于连续冷却相变动力学的建模，但其有效性一直广受争议[8~10]。Cahn[7] 将可加性法则的应用条件拓展为：

$$\dot{X} = j(T)f(X) \qquad (1\text{-}14)$$

式中 $\dot{X}$——相变速率；

　　　X——相变分数；

　　　T——温度。

式（1-14）被称为恒动力相变方程。研究表明很多变温相变动力学都可以应用恒温相变动力学结合可加性法则进行预测。基于 Cahn 的研究结果，Lusk 等人[11] 推导了基于 JMAK 方程的相变速率为：

$$\dot{X} = k(T)^{\frac{1}{n}} \left\{ n(1-X)\left[-\ln(1-X)\right]^{\frac{n-1}{n}} \right\} \qquad (1\text{-}15)$$

他指出当指数 n 与温度不相关时，可加性法则是有效的。Kamat 等人[8] 对奥氏体向先共析铁素体转变的理论和实验分析表明，在连续变温的条件下这种相变是可加的；反之，在阶梯式变温过程中，相变则不满足可加性。Ye 等人[12] 对奥氏体向珠光体相变的理论和实验的研究则证明，该相变的初期阶段基本满足可加性法则，而在相变的后期则是不可加的。Zhu 和 Lowe[13] 的工作更加系统性地指出了满足可加性法则的必要条件及应用可加性法则时需要注意的问题。现简要介绍他们的工作。

在连续冷却过程中，相变的形核与晶粒长大对相变速率均有贡献，即：

$$\frac{\mathrm{d}X}{\mathrm{d}t} = \frac{\mathrm{d}X_g}{\mathrm{d}t} + \frac{\mathrm{d}X_n}{\mathrm{d}t} \tag{1-16}$$

式中　$\mathrm{d}X_g/\mathrm{d}t$——与晶粒长大有关的相变速率；

$\mathrm{d}X_n/\mathrm{d}t$——与形核速率有关的相变速率。

尽管式（1-16）是由两个满足可加性法则的方程组成，但它本身并不总是可加的。只有在一些较特殊的条件下，才可以满足可加性法则。

（1）如果满足

$$\frac{h_g(T)/g_g(X)}{h_n(T)/g_n(X)} = C \tag{1-17}$$

式中，C 为常数，则：

$$\frac{\mathrm{d}X}{\mathrm{d}t} = (1 + C)\frac{h_n(T)}{g_n(X)} \tag{1-18}$$

显然，式（1-18）是满足可加性法则的。

（2）如果 $h_n(T)/g_n(X) = 0$，显然方程（1-16）满足可加性法则。这种情况体现的是位置饱和机制。

（3）如果 $h_n(X)/g_n(X) \ll h_g(T)/g_g(X)$，则应有 $\mathrm{d}X/\mathrm{d}t \approx h_g(T)/g_g(X)$。这种情况体现的是相变过程中的形核只在相变的初期对其动力学过程有较大的影响。在相变的后期，相变主要由晶粒的长大控制。低碳钢中的奥氏体向珠光体相变较好地符合这种情况。

（4）如果 $h_n(T)/g_n(X) \gg h_g(T)/g_g(X)$，则应有 $\mathrm{d}X/\mathrm{d}t \approx h_n(T)/g_n(X)$。体现了以形核为主要机制的相变过程。在析出过程中，新相形核后很快长大，因此长大过程对于相变动力学影响不大。这种条件对于微合金高强度钢中的 $\mathrm{Nb(C,N)}$ 的析出动力学过程非常合适。

因此，可加性法则的有效性是连续冷却相变动力学建模的重要研究内容。

1.2.2　连续冷却相变动力学建模

连续冷却相变动力学建模的本质是确定描述等温相变的 JMAK 方程中的

指数 n 与动力学参数 k。相对于等温过程，连续冷却过程被更多地应用到钢材的热加工过程中。因此，直接应用连续冷却相变数据建立相变模型将更具有实际意义。但到目前为止，国内外在这方面的研究很少。Pont 等人[14]假设 n 与温度无关，k 与温度呈高斯关系，通过最小化在连续冷却过程中达到相同铁素体相变分数所需时间的计算值和实验值间的差值，直接从变温相变数据中计算参数 n 和 k。Malinov 等人[15]采用 DSC（差示扫描量热法）研究 Ti-6Al-4V 合金中 β→α 相变，假设 n 和 k 为自变量，通过数值计算方法从变温相变数据中计算 n 和 k。然而，以上都是基于可加性法则的数值计算方法。Rios[16]从 JMAK 方程和可加性法则出发，首次在理论上推导了直接从连续冷却相变数据中计算等温相变动力学参数 n 和 k。因此，结合理论与数值计算方法实现直接从连续冷却相变数据建立变温相变模型具有重要的理论和实际价值，从而为热轧工艺的优化设计奠定坚实的模型基础。

1.3　相变动力学理论模型[17~19]

　　相较于复杂的经典形式，简化后 JMAK 方程在钢的微观组织预测领域得到了广泛的推广应用，为相变动力学的定量描述提供了一个简单、易用的数学工具。尽管在 JMAK 方程的推导中系统地考虑了形核、长大与晶粒碰撞行为，但大量的假设与简化使模型无法严格体现相变过程中本质的元素扩散与界面迁移行为。最终导致通过大量实验建立的针对某一钢种的 JMAK 相变模型仅对实验钢种以及实验条件范围（温度、冷却速率等）有效。因此，从一定意义上来说，JMAK 模型是描述等温相变动力学的半经验半理论模型。

　　本质上，奥氏体→铁素体的相变包含间隙或置换固溶元素的扩散与界面迁移，其中界面迁移可理解为界面反应，即晶格结构由 fcc→bcc。对于纯铁的奥氏体→铁素体相变，相变时不存在溶质原子的扩散，也不存在界面处的溶质拖拽效应，仅有界面反应。一般认为纯铁的奥氏体→铁素体相变为界面反应控制（Interface-Controlled）模式，相变速率正比于相变驱动力。对于同时存在间隙和置换固溶元素的铁基合金，针对其奥氏体→铁素体相变动力学的研究主要有两个观点。当界面迁移无限快，即 fcc→bcc 的晶格转变不再是制约相变的因素时，相变由间隙或置换固溶元素的扩散控制（Diffusion-Controlled）。而当界面反应与溶质扩散速率相当时，相变转为混合模式（Mixed-

Mode)，即界面反应与溶质扩散协调进行。由于迄今为止，对界面反应速率仍缺乏直接的实验观察或准确的定量描述，对于间隙型铁基合金的奥氏体→铁素体相变模式仍然存在广泛的争议。

1.3.1 扩散控制相变

对于扩散控制下的相变，相界面两侧的奥氏体与铁素体处于热力学平衡状态，即相界面迁移的驱动力为零，相界面迁移的速率完全取决于奥氏体内间隙或固溶元素的扩散（一般忽略铁素体内的原子扩散）。在这一相变模式下，首先需要考虑的是相界面处的平衡条件，它包括准平衡（Para-Equilibrium）、局部平衡（Local-Equilibrium）。

1.3.1.1 准平衡热力学

在钢的一般热处理过程中，相变时间并不足以使所有的溶质原子均发生完全的再分配，即达到全平衡（Ortho-Equilibrium）。而对于间隙元素，相对快的扩散速率使其可以在相界面处达到平衡。因此，准平衡是指间隙原子可以在母相与新相间完成分配，而置换固溶原子不发生分配的相平衡模式。在准平衡条件下，任意置换合金元素 i 与铁元素的摩尔分数之比 X_i/X_{Fe} 在奥氏体与铁素体中保持不变，即：

$$\frac{X_{i,0}}{X_{Fe,0}} = \frac{X_i^\alpha}{X_{Fe}^\alpha} = \frac{X_i^\gamma}{X_{Fe}^\gamma} = \theta_i \tag{1-19}$$

对于任一三元合金（Fe-C-i），式（1-19）定义了一条直线（Tie-Line）；该直线穿过奥氏体和铁素体的平衡成分及合金基体成分。除此之外，在准平衡条件下，碳在相界面两侧的化学势相等，即：

$$\mu_C^\alpha = \mu_C^\gamma \tag{1-20}$$

而 Fe 和其他置换型合金元素 i 的化学势满足以下关系：

$$\Delta \mu_{Fe}^{\gamma \to \alpha} + \sum_i \theta_i \Delta \mu_i^{\gamma \to \alpha} = 0 \tag{1-21}$$

式中 μ_C^α——相界面处铁素体两侧碳的化学势；

μ_C^γ——相界面处奥氏体两侧碳的化学势；

$\Delta\mu_{Fe}^{\gamma\to\alpha}$——Fe 在两相间的化学势差；

$\Delta\mu_i^{\gamma\to\alpha}$——元素 i 在两相间的化学势差。

在准平衡条件下，相界面处奥氏体和铁素体两侧的平衡浓度的计算如下。如图 1-2a 所示，奥氏体、铁素体自由能曲面的切面相交于一条直线上，即由式（1-19）定义的 Tie-Line；沿 Tie-Line 将自由能曲面刨开，获得二维自由能曲线（图 1-2b），其中 SC 代指由 Fe 和元素 i 混合的置换固溶元素，其化学势为：

$$\mu_{SC}^j(X_C) = \frac{1}{1 + \sum\limits_i \theta_i}(\mu_{Fe}^j X_C^j + \sum_i \theta_i \mu_i^j X_C^j) \qquad (1\text{-}22)$$

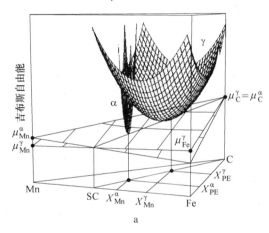

a

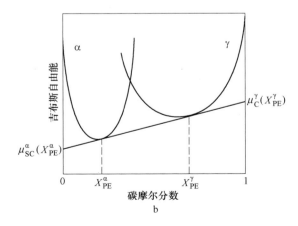

b

图 1-2　准平衡条件下的奥氏体、铁素体的平衡浓度确定

其中上标代指奥氏体或铁素体相。图 1-2b 中的两切点即为准平衡条件下相界面处铁素体和奥氏体两侧的碳浓度，即 μ_{PE}^{α} 和 μ_{PE}^{γ}。

1.3.1.2 局部平衡热力学

与全平衡和准平衡两种极限情况相比，局部平衡描述的是一种有限扩散状态。在该平衡条件下，它的 Tie-Line 可以理解为与全平衡一致，但合金基体成分并不位于 Tie-Line 上；根据合金基体成分在两相区内的位置，局部平衡可以分为 Partition-Local Equilibrium（PLE）和 Negligible-Partition Local-Equilibrium（NPLE）。

如图 1-3 所示，A 点定义了合金的基体浓度，（C_{1M}，C_{2M}）和（C_{1P}，C_{2P}）

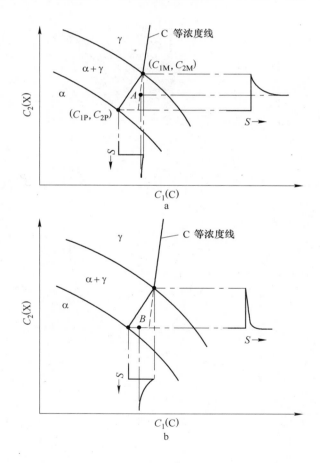

图 1-3 PLE（a）和 NPLE（b）的定义

分别为相界面处奥氏体和铁素体两侧的平衡浓度，C 和 X 分别代表间隙、置换固溶元素，S 代表相界面迁移方向的坐标轴。穿过奥氏体平衡浓度（C_{1M}，C_{2M}）点的碳等活度线，也经过合金的基体浓度。因此，碳在奥氏体中的扩散几乎不存在驱动力，而相变过程受置换固溶元素 X 的扩散控制，相变速率比较慢。这种相平衡模式称之为 PLE。

然而，在 NPLE 相平衡模式下，合金的基体浓度位于穿过（C_{1P}，C_{2P}）的 X 等浓度线上；而 X 在奥氏体与铁素体基体中浓度相等，在相界面处奥氏体一侧形成 X 的"Spike"，对碳的扩散施加影响。相对于 PLE 相平衡模式，NPLE 的相变速率相对较快。图 1-4 显示在 Fe-C-X 等温相图中 PLE 和 NPLE 的区域划分，其中 Transition Line 穿过碳等活度线与 X 等浓度线的交点。

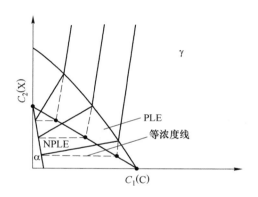

图 1-4　Fe-C-X 等温相图中 PLE 和 NPLE 的区域划分

1.3.2　相变的混合控制模式

混合控制相变模式介于界面反应控制与扩散控制之间，即界面反应与扩散控制协调进行。在该模式下，界面迁移速率的数学表达式为：

$$v = M_{\text{eff}} \cdot \Delta G_{\text{chem}}^{\gamma \rightarrow \alpha} \qquad (1\text{-}23)$$

或者

$$v = M \cdot \Delta G_{\text{eff}}^{\gamma \rightarrow \alpha} \qquad (1\text{-}24)$$

式中　M——相界面的迁移率（Mobility）。

以上两式的差别在于如何考虑置换固溶合金元素对相变的作用。式（1-23）将该作用体现在对界面迁移率的影响上，而式（1-24）假设置换固溶元素对相界面具有固溶拖拽效应，从而降低了界面迁移的有效驱动力。式（1-24）中 $\Delta G_{\text{eff}}^{\gamma\to\alpha}$ 等于相变化学驱动力 $\Delta G_{\text{chem}}^{\gamma\to\alpha}$ 与固溶拖拽力 ΔG_{SD} 间的差值。

相变驱动力 $\Delta G_{\text{chem}}^{\gamma\to\alpha}$ 的计算方法如下（图1-5）：以合金成分 $X_{\text{c}} = X_0$ 为切点作奥氏体自由能曲线的切线，可以求得碳在奥氏体侧的化学势；假设碳为快速扩散元素，在相界面处达到平衡，即碳在奥氏体、铁素体两侧化学势相等；再从该点引出铁素体自由能曲线的切线，两切线在左侧纵坐标轴上的交点之差即为相变驱动力，可表示为：

$$\Delta G_{\text{chem}}^{\gamma\to\alpha} = \left| \mu_{\text{SC}}^{\gamma}(X_{\text{int}}^{\gamma}) - \mu_{\text{SC}}^{\alpha}(X_{\text{int}}^{\alpha}) \right| \tag{1-25}$$

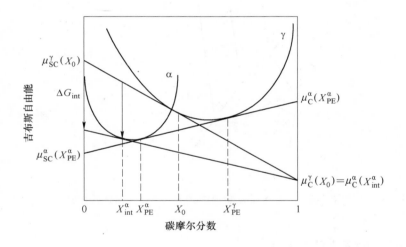

图1-5 混合控制下相变化学驱动力的计算方法

在相场模拟（Phase Field Modeling）中，相界面迁移速率即是按照式（1-23）计算。然而，由于固溶元素的拖拽效应考虑在界面迁移率中，计算得到的有效迁移率往往体现出与冷却速率的相关性，这与界面迁移率的本质相矛盾；因此，相场模拟的发展前景有待进一步探讨。

在式（1-24）中，置换固溶元素与相界面的相互作用可以通过固溶拖拽模型进行显式的计算，该模型因其简单、结构清楚，而得到广泛的应用。

2 Nb 微合金钢的铁素体相变

基于描述等温相变过程的 JMAK 方程，结合 Sheil 的可加性法则是计算连续冷却相变动力学的唯一方法。然而，在实际工业生产或实验中，研究者更容易获取变温相变数据信息。因此，直接从变温相变数据中提取 JMAK 方程参数的方法更具有实际应用价值。在可加性法则的框架下，文献［16］首次推导了直接从变温相变数据中提取等温相变动力学参数的理论方法，但未见有实际应用。

本章针对 4 种不同成分 Nb 微合金钢，在文献［20］的实验结果基础上，研究了奥氏体向铁素体连续冷却相变与等温相变动力学之间的转换。文中分别采用 Rios 推导的理论方法和基因数值算法计算出恒温相变动力学 JMAK 方程中的指数 n 和相变速率参数 k，并对可加性法则在应用于钢材连续冷却相变动力学建模中的有效性进行了深入的探讨。

2.1 实验方法

2.1.1 实验材料和装置

实验材料为 4 种不同成分的 Nb 微合金化钢。主要化学成分如表 2-1 所示。试样取自锻造平板，加工成 $\phi 8mm \times 12mm$ 的圆柱形试样。

表 2-1 实验用钢的化学成分（质量分数,%）

钢 种	C	Si	Mn	N	P	S	Nb	Al
N1	0.11	0.15	1.15	0.005	0.01	0.01	—	0.023
N2	0.12	0.17	1.16	0.005	0.01	0.01	0.01	0.044
N3	0.12	0.23	1.16	0.005	0.01	0.01	0.023	0.022
N4	0.11	0.17	1.23	0.005	0.01	0.01	0.038	0.014

连续冷却相变实验在 THERMECMASTER_Z 热模拟机上进行，实验真空度为 0.1Torr。实验装置如图 2-1 所示，试样置于真空腔内两个垂直压头之间，初始为无应力状态，采用感应加热。试样表面的中间位置焊有一对 R 型热电偶，采用氮气冷却。实验过程中采用无接触式激光测量仪测量试样径向膨胀量。

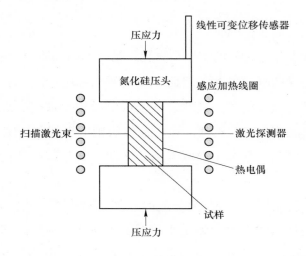

图 2-1   热模拟装置示意图

2.1.2   实验方案

图 2-2 为实验规程图，试样以 4℃/s 加热到 1200℃，然后以 5℃/s 的速度

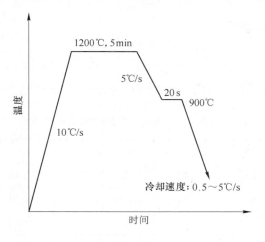

图 2-2   热模拟实验规程图

冷却至 900℃，保温 20s 后以 0.5～5℃/s 的不同速度冷却到 200℃。为了计算在不同冷速条件下的过冷度，采用缓慢加热和冷却实验测量出材料的 A_{e3} 温度。实验的其他细节参见文献［20］。

2.2 实验结果

2.2.1 冷却过程热膨胀曲线

图 2-3 为不同冷却速度条件下的钢种 N1～N4 的热膨胀曲线。结合金相观察结果，A_{r3} 温度从膨胀曲线上可以确定出来。表 2-2 列出了文献［20］中测得的 A_{r3} 和 A_{e3} 温度。

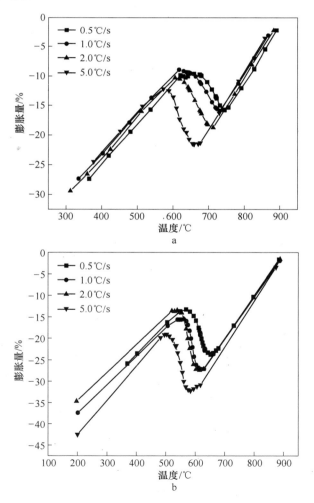

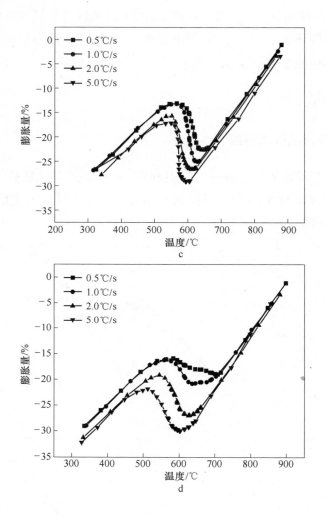

图 2-3　不同冷却速度条件下的热膨胀曲线

a—N1 钢；b—N2 钢；c—N3 钢；d—N4 钢

表 2-2　N1～N4 钢的实测 A_{r3} 和 A_{e3} 温度

钢　号	$A_{e3}/℃$	$A_{r3}/℃$			
		0.5℃/s	1℃/s	2℃/s	5℃/s
N1	814.5	755.8	731.8	720.5	678.3
N2	805.5	660.9	646.4	623.3	614.4
N3	779.5	654.2	639.3	628.1	613.8
N4	793.5	717.1	703.3	661.1	647.1

2.2.2 孕育期计算

根据 Pham 等人[21, 22] 的推导，不同过冷度条件下的孕育期可以按照式（2-1）或者式（2-2）计算：

$$\frac{1}{\tau(\Delta T)} = \frac{\mathrm{d}q}{\mathrm{d}(\Delta T_{\mathrm{CCT}})} \tag{2-1}$$

$$\tau(T) = A \cdot \frac{\exp\left(\dfrac{Q}{RT}\right)}{\Delta T^m} \tag{2-2}$$

$$\Delta T = A_{e3} - T$$

式中　ΔT_{CCT}——相变开始所需的过冷度；

A，m——常数；

Q——碳在奥氏体中扩散的激活能。

式（2-2）能用于准确地描述孕育期和温度之间的关系。基于表 2-2 中的数据，拟合冷却速度与过冷度的关系曲线，如图 2-4。数据点处的切线斜率即对应该冷却速度下的孕育期。将其用于式（2-2）中的待定参数的拟合，可得 N1 ~ N4 钢的参数 A、m 和 Q 如表 2-3 所示。

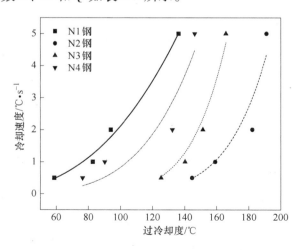

图 2-4　N1 ~ N4 钢的冷却速度与过冷度间的关系

表2-3　参数 A、m 和 Q 回归计算值

参　数	N1	N2	N3	N4
A	6.416×10^{4}	3.531×10^{15}	5.290×10^{15}	1.901×10^{8}
Q	130	130	130	130
m	1.794	6.478	6.796	3.427

图2-5 是采用式（2-2）结合可加性法则对 A_{r3} 预测值和实测值的对比，获得了较高的预测精度。

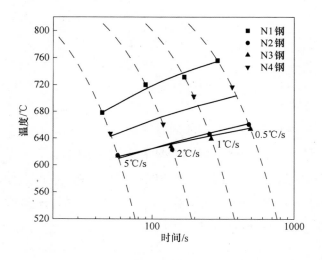

图2-5　A_{r3} 的预测值和实测值对比图

2.2.3　相变动力学曲线

2.2.3.1　线膨胀系数的确定

根据文献［23］推导的式（2-3）计算奥氏体的线膨胀系数，结果如表2-4 所示。

$$e_{\gamma} = (24.92 - 0.61[C]) \times 10^{-6} \qquad (2-3)$$

式中　［C］——每 100 个铁原子所溶解的碳原子个数。

铁素体线膨胀系数采用 Bhadeshia 的实验结果 $e_\alpha = 1.59 \times 10^{-5}$。

表 2-4 N1 ~ N4 钢计算的奥氏体线膨胀系数

钢　号	N1	N2	N3	N4
e_γ	2.4603×10^{-5}	2.4574×10^{-5}	2.4574×10^{-5}	2.4603×10^{-5}

2.2.3.2　室温晶格常数

A　铁素体室温晶格常数

Bhadeshia[24]等学者在前人的工作基础上，推导了合金元素对铁素体室温晶格常数的影响公式：

$$a_{0\alpha} = 0.28664 + (3a_{Fe}^2)^{-1} \times [(a_{Fe} - 0.0279x_C^\alpha)^2 (a_{Fe} + 0.2496x_C^\alpha)] -$$

$$0.003x_{Si}^\alpha + 0.006x_{Mn}^\alpha + 0.007x_{Ni}^\alpha + 0.031x_{Mo}^\alpha +$$

$$0.005x_{Cr}^\alpha + 0.0096x_V^\alpha \tag{2-4}$$

式中，x_i^α 代表元素 i 在铁素体相中的摩尔百分数，取铁素体中碳的摩尔浓度 $x_C^\alpha = 0.00139$，纯铁的室温晶格常数 $a_{Fe} = 0.28664$。

B　奥氏体室温晶格常数

奥氏体的室温晶格常数可以由以下公式计算：

$$a_{0\gamma} = 0.3573 + 0.33w_C^\gamma + 0.0095w_{Mn}^\gamma - 0.002w_{Ni}^\gamma + 0.031w_{Mo}^\gamma +$$

$$0.006w_{Cr}^\gamma + 0.018w_V^\gamma \tag{2-5}$$

式中　w_i^γ——元素 i 在奥氏体相中的重量百分数；

$\quad\quad w_C^\gamma$——钢中的平均碳浓度。

2.2.3.3　等温相变条件下的铁素体相变分数

铁素体相变过程中只含有铁素体和未转变奥氏体两相，因此通过两相的晶格常数和膨胀曲线可以计算出相变任意时刻的铁素体相变分数。Bhadeshia 等人[24]推导了在恒温相变过程中铁素体相变分数的计算方法,具体过程如下。相变过程中的体积变化量计算公式为:

$$\frac{\Delta V}{V} = \frac{V_{final} - V_{initial}}{V_{final}} = 1 - \frac{a_\gamma^3}{\beta + a_{e\gamma}^3} \tag{2-6}$$

式中,V_{final} 和 $V_{initial}$ 分别为试样的初始体积和最终体积,假设试样承受各向同性的应变,则满足 $\frac{\Delta V}{V} = 3\left(\frac{\Delta L}{L}\right)$;$a_\gamma$ 和 $a_{e\gamma}$ 分别为相变温度时未转变奥氏体和富碳奥氏体的晶格常数;β 可以由下式计算:

$$\beta = \frac{2a_\alpha^3 - a_{e\gamma}^3}{1 + (2V_\gamma a_\alpha^3)/(V_\alpha a_{e\gamma}^3)} \tag{2-7}$$

式中,V_γ 和 V_α 分别为未转变奥氏体和铁素体的体积分数。在任意温度 T 时,奥氏体和铁素体的晶格常数 a_γ 和 a_α 按下述公式计算:

$$a_\gamma = a_{0\gamma}[1 + e_\gamma(T - 298)] \tag{2-8}$$

$$a_\alpha = a_{0\alpha}[1 + e_\alpha(T - 298)] \tag{2-9}$$

随着铁素体相变的发生,碳元素在铁素体和奥氏体间重新分配,奥氏体中的碳浓度增加到 w_1^γ。

$$w_1^\gamma = \frac{V_\alpha \rho_\alpha}{(1 - V_\alpha)\rho_\gamma}(\overline{w}_1 - w_1^\alpha) + \overline{w}_1 \tag{2-10}$$

式中,ρ_γ 和 ρ_α 分别为奥氏体和铁素体的密度;$\overline{w}_1$ 为试样的平均碳浓度;w_1^α 为铁素体中的碳浓度。因此,$a_{e\gamma}$ 是 V_α 和 w_1^γ 的函数,计算如下:

$$a_{e\gamma} = a_{0\gamma} + 0.33(w_1^\gamma - \overline{w}_1)[1 + e_\gamma(T - 20)] \tag{2-11}$$

由此可见,铁素体相变分数与膨胀量之间并不是显示关系,而需要迭代计算,流程如图 2-6 所示。

2.2.3.4 连续冷却过程中的铁素体相变分数计算

连续冷却过程中试样产生的膨胀量包括由冷却产生的收缩 $\Delta L_{shrink}/L$ 和由

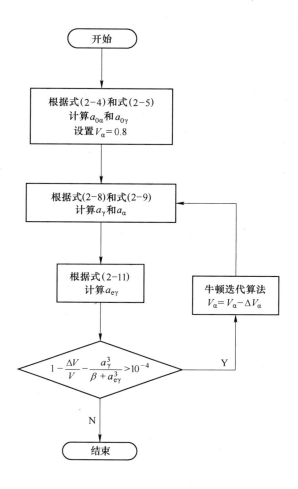

图 2-6   等温相变条件下铁素体相变分数计算流程

铁素体相变产生的膨胀 $\Delta L_{\text{trans}}/L$，即：

$$\frac{\Delta L}{L} = \frac{\Delta L_{\text{shrink}}}{L} + \frac{\Delta L_{\text{trans}}}{L} \tag{2-12}$$

因此，需要从热膨胀曲线上提取出 $\dfrac{\Delta L_{\text{trans}}}{L}$，如图 2-7 所示。

　　根据可加性法则，应用上节中推导的等温条件下铁素体相变分数的计算方法求解连续冷却过程任意时刻的铁素体相变分数。图 2-8 为 N1～N4 钢在 0.5～5℃/s 的冷速条件下铁素体相变动力学曲线。

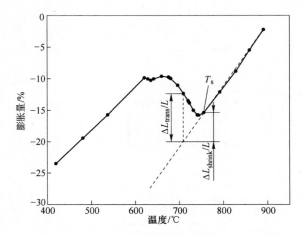

图 2-7 铁素体相变产生的膨胀量提取示意图

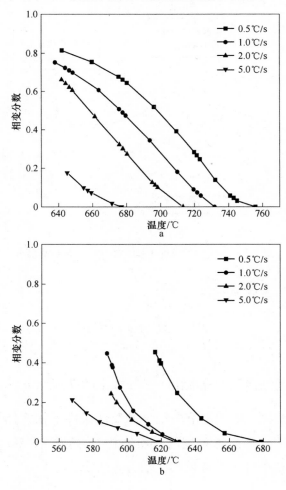

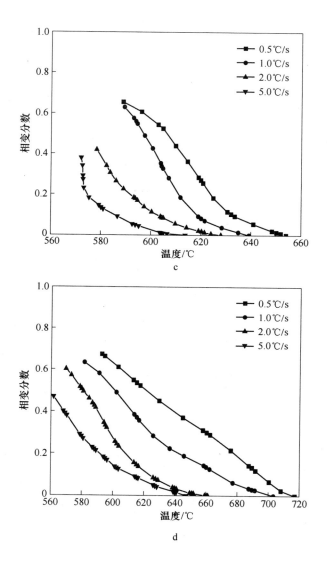

图 2-8　铁素体相变动力学曲线

a—N1 钢；b—N2 钢；c—N3 钢；d——N4 钢

2.2.4　变温相变到等温相变的动力学转换

2.2.4.1　RIOS 理论方法[16]

对于恒定的冷却速度($C_R = \mathrm{d}\theta/\mathrm{d}t$，其中 θ 为温度)，根据可加性法则可得：

$$C_R = \int_{T_0}^{T} \frac{\mathrm{d}\theta}{\tau(X,\theta)} \tag{2-13}$$

对方程两边取偏导：

$$\tau(X,T) = \left(\frac{\partial T}{\partial C_R}\right)_X \tag{2-14}$$

对于恒温相变过程，达到铁素体相变分数 X_0 所需时间：

$$\tau(X_0,T) = \frac{U(X_0)}{k(T)} \tag{2-15}$$

对于任意相变分数 X，则：

$$\tau(X,T) = \frac{U(X)}{k(T)} = \frac{U(X)}{U(X_0)}\tau(X_0,T) \tag{2-16}$$

当相变为恒动力相变时，方程（2-16）才能成立。将其代入方程（2-13）可得：

$$C_R(X,T) = \frac{U(X_0)}{U(X)}\int_{T_0}^{T} \frac{\mathrm{d}\theta}{\tau(X_0,\theta)} \tag{2-17}$$

当 $X = X_0$ 时：

$$C_R(X_0,T) = \int_{T_0}^{T} \frac{\mathrm{d}\theta}{\tau(X_0,\theta)} \tag{2-18}$$

由式（2-14）~式（2-18）可得：

$$C_R(X,T)\left(\frac{\partial T}{\partial C_R}\right)_X = \mathrm{const} \tag{2-19}$$

基于以上理论，针对描述等温相变动力学的 JMAK 方程，RIOS 推导了从变温相变动力学曲线中提取 JMAK 方程中的指数 n 和与相变速度相关的参数 k 的理论方法。由 JMAK 方程可得，在温度 T 时达到相变分数 X 所需时间为：

$$\tau(X,T) = \left(\frac{\partial T}{\partial C_R}\right)_X = \left[\ln\left(\frac{1}{1-X(\tau,T)}\right)\Big/k(T)\right]^{1/n(T)} \tag{2-20}$$

对式（2-20）同时取对数，可得：

$$\mathrm{lnln}\left(\frac{1}{1-X}\right) = \ln\left\{k(T)\cdot\left[\,\mid C_R(X_0,T)\mid\cdot\left(\frac{\partial T}{\partial C_R}\right)_{X_0}\right]^n\right\} -$$

$$n\cdot\ln\mid C_R(X,T)\mid \tag{2-21}$$

假设铁素体相变是恒动力相变,利用方程 (2-21) 则可以计算指数 n。不同冷速条件下典型的相变分数 $X(C_R,T)$ 等高线如图 2-9 所示。在某一个确定的温度下,$\mathrm{lnln}[\,1/(1-X)\,]$ 与 $\ln\mid C_R(X,T)\mid$ 呈直线关系,斜率即是指数 n。基于相变早期的数据,计算得出 $\mathrm{lnln}[\,1/(1-X)\,]$ 与 $\ln\mid C_R(X,T)\mid$ 间的关系如图 2-10 所示。

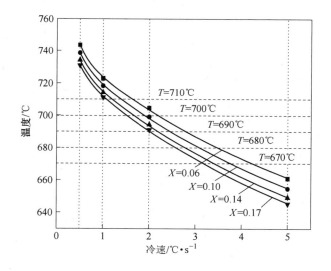

图 2-9　典型的铁素体相变分数 $X(C_R,T)$ 等高线分布图

可以看出,在所有选定的温度下 $\mathrm{lnln}[\,1/(1-X)\,]$ 和 $\ln\mid C_R(X,T)\mid$ 的直线关系都非常明显,表明奥氏体/铁素体的相变初期基本满足恒动力准则。计算各温度下拟合直线的斜率的平均值,可得指数 n。在方程 (2-21) 中取 $X = X_0$,可得:

$$k(T) = \frac{\ln[\,1/(1-X_0)\,]}{[\,(\partial T/\partial C_R)_{X_0}\,]^n} \tag{2-22}$$

其中,$(\partial T/\partial C_R)_{X_0}$ 可从图 2-9 中的相变分数等值线中计算出来。取各温度下计算值的平均即为参数 k,那么可以得出在相应温度区间参数 k 与温度的关

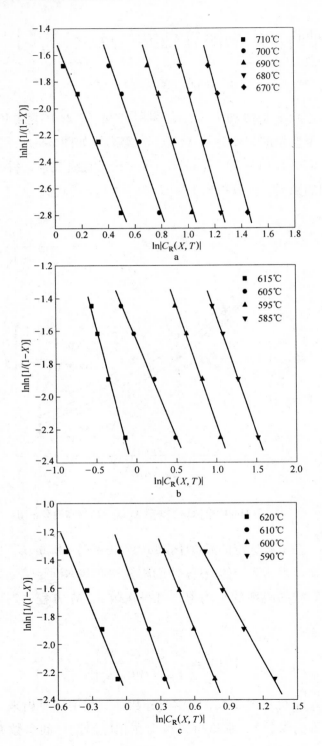

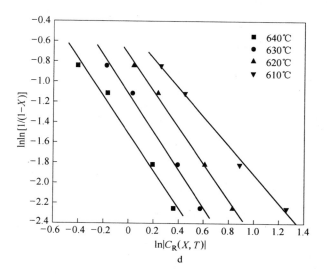

图2-10　$\ln\ln[1/(1-X)]$ 与 $\ln|C_R(X,T)|$ 的直线关系

a—N1 钢；b—N2 钢；c—N3 钢；d—N4 钢

系。图2-11为采用 RIOS 方法计算出的指数 n 和参数 k。

2.2.4.2　优化方法计算 k 值

采用 RIOS 方法计算的参数 k 仅对应 $30 \sim 40℃$ 的有限温度区间，因此当扩展到整个相变温度区间时可能导致一定的误差。为此，在可加性法则的基础上，假设参数 k 与温度呈高斯函数关系，如方程（2-23）[25]，结合 RIOS 方法计算的指数 n，采用优化方法计算参数 k。

$$k(T) = \exp\left[A_0 + A_1 \cdot (T - T_0)^2 + \frac{A_2}{(T - A_{e3})^2 \cdot T}\right] \tag{2-23}$$

式中　T_0，A_0，A_1，A_2——常数。

优化目标函数如式（2-24）所示：

$$Fun_{obj} = \frac{1}{\sum\limits_{i}^{l} (X_i^{cal} - X_i^{exp})^2} \tag{2-24}$$

式中，l 为在一个冷速条件下相变动力学曲线所包含的数据点的个数；X_i^{cal} 和

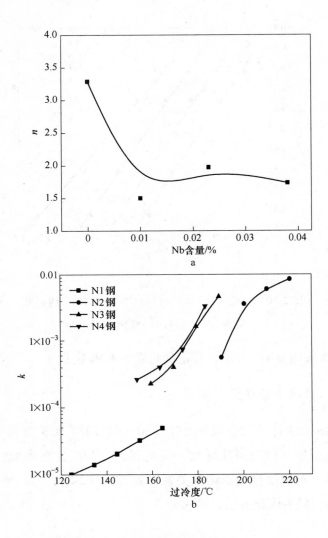

图 2-11　采用 RIOS 方法计算的 n 和 k

a—n 与 Nb 含量的关系；b—k 与过冷度的关系

$X_i^{\exp}$ 分别为对应数据点的模型计算值和实测值。结合 JMAK 方程，可加性法则可以表示为如下形式：

$$\frac{1}{C_R}\int_{A_{r3}}^{T}\frac{\mathrm{d}T}{\{\ln[1/(1-X_i^{\mathrm{cal}})]/k(T)\}^{1/n}} = 1 \qquad (2\text{-}25)$$

则 X_i^{cal} 可以用式（2-26）计算：

$$X_i^{\text{cal}} = 1 - \exp\left\{ -\left[\frac{1}{C_R} \cdot \int_{A_{r3}}^{T} k(T)^{\frac{1}{n}} \, \mathrm{d}T \right]^n \right\} \tag{2-26}$$

采用基因算法[26]可以确定式（2-23）中的参数，算法中的输入参数为待定参数的个数及其上下限。

根据式（2-24）计算所得的每一个个体的适应值，然后执行繁殖、交叉、变异操作产生下一代个体，直到达到最大迭代次数，输出最佳个体。基因算法流程如图2-12所示。

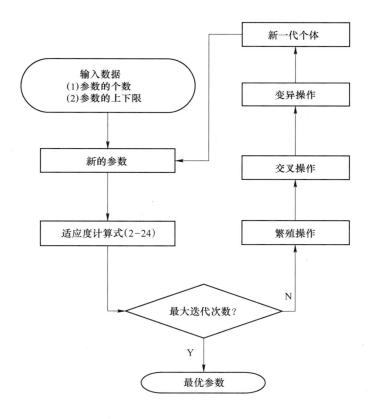

图2-12 基因算法流程图

当针对所有冷速下的相变数据进行优化计算时产生了很大的误差，因此，最终是单独针对每一个冷却速度条件下相变曲线进行计算。这表明 JMAK 方程和可加性法则的应用与冷却速度相关。各冷却速度条件下，应用优化方法计算出的参数 k 与温度之间的关系如图2-13所示。

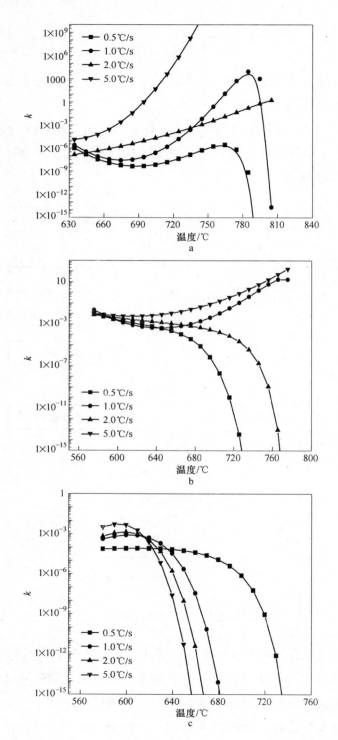

a

b

c

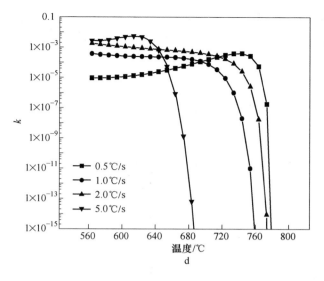

图 2-13 采用优化算法计算的参数 k 与温度的关系

a—N1 钢；b—N2 钢；c—N3 钢；d—N4 钢

2.2.4.3 模型验证

基于可加性法则和 2.2.4.1 节中计算所得指数 n，结合 RIOS 方法和优化方法计算的不同 k 值，用于连续冷却相变动力学预测，预测值与实验值对比如图 2-14 所示，其中虚线和实线分别表示应用 RIOS 方法计算出的 k 和优化方法计算的 k 的预测结果。

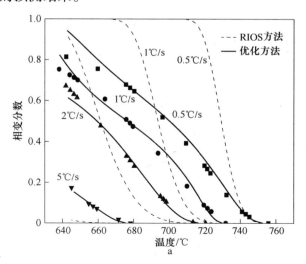

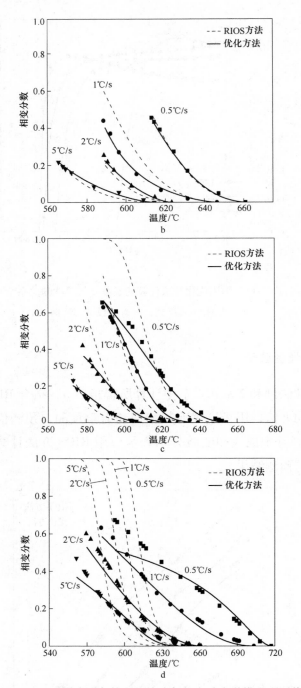

图 2-14　不同冷速条件下连续冷却相变动力学模型预测值
（虚线与实线）和实测值（实心点）的对比图
a—N1 钢；b—N2 钢；c—N3 钢；d—N4 钢

与实测值相比，应用 RIOS 方法计算的 k 值产生了较大的预测偏差。一个可能的原因是 k 值的计算局限在一个很小的温度区间，因此当拓展到整个铁素体相变区间时会产生较大误差。此外，奥氏体到铁素体的相变是否严格地遵守可加性法则仍然需要深入研究。

同 RIOS 方法比较，采用优化方法计算的 k 值提高了预测精度，如表 2-5 所示。这表明结合 RIOS 方法计算的 n 值和优化方法计算的 k 值可能是实线变温相变向等温相变动力学转变的更佳方法。

表 2-5　RIOS 方法（RIOS）和优化方法（OPT）构建相变
动力学模型预测产生的最大偏差

钢　号	最大偏差/%							
	0.5℃/s		1℃/s		2℃/s		5℃/s	
	RIOS	OPT	RIOS	OPT	RIOS	OPT	RIOS	OPT
N1	62.2	11.9	46.3	5.8	25.3	4.3	15.5	1.4
N2	2.4	0.6	16.3	1.3	4.3	1.4	3.3	1.3
N3	35.8	5.8	16.6	3.5	26.0	4.7	3.8	2.8
N4	35.6	15.5	39.4	4.7	48.4	7.2	57.5	10.1

2.3　讨论

本章中采用 RIOS 方法，应用连续冷却过程中奥氏体向铁素体相变初期数据拟合 $\ln\ln[1/(1-X)]$ 和 $\ln|C_R(X,T)|$ 获得了很好的线性关系，表明相变初期基本遵守可加性法则。JMAK 方程中的指数 n 代表铁素体晶粒的形核位置，随着过冷度的增加铁素体首先在三角晶界处形核，然后是晶粒表面，最后是晶粒内部形核[9,27]。在 N1 钢中，由于没有微合金元素的影响，形核首先在三角晶界和晶面发生。Enomoto 等人[28~30]研究了先共析铁素体在晶界和晶内的形核行为，发现在 Fe-0.6 at% C 合金中晶界形核主导整个形核过程，n 取值 3~4。这与本章中的 N1 钢 Fe-0.51 at% C 的结果非常接近。然而，对于 Fe-C-X 合金，微合金元素在晶界处的偏聚极大地降低了奥氏体晶界能[31]，最

终减少了单位体积的形核质点数，导致当过冷度增加时晶粒表面的形核成为主导相变的主要形核方式。研究表明在含 Nb 微合金钢中铁素体的形核发生在奥氏体晶界的某一面[32]，为获得的 $n = 1 \sim 2$ 的实验结果提供强有力的理论支撑。

当把变温相变转换为等温相变动力学时，我们假设可加性法则是严格遵守的。然而实验结果表明参数 k 不仅与温度相关，还和冷却速度也有关系，意味着铁素体的形核和长大过程是冷却速度的函数。在钢材的热轧生产过程，轧后的加速冷却增加了铁素体形核点从而细化了晶粒直径，冷速越大，晶粒直径越小[33]。这为 k 与冷却速度之间的关系提供了物理冶金学的理论基础。

根据理论推导和实验验证，徐祖耀等人[34,35] 提出了修正的可加性法则，冷却速度被纳入考虑范围，如式（2-27）所示。

$$\int_0^{t_0} \frac{\mathrm{d}t}{\tau(X_0, T)} = \frac{1}{\lambda(T, t)}$$

或

$$\frac{1}{aC_R^b} \cdot \int_0^{t_0} \frac{\mathrm{d}t}{\tau(X_0, T)} = 1 \tag{2-27}$$

式中 a，b——常数。

结合可加性法则，推导可得：

$$\int_0^{t_0} \frac{\mathrm{d}t}{\{[\ln[1/(1-X_0)]/k(T) \cdot (1/aC_R^b)^n\}^{1/n}} = 1 \tag{2-28}$$

设：

$$k'(T, C_R) = k(T) \cdot \left(\frac{1}{aC_R^b}\right)^n \tag{2-29}$$

由式（2-29）和可加性法则可得：

$$\int_{t_0}^{t_1} \frac{1}{\tau'(X_0, T, C_R)}\mathrm{d}t = 1 \tag{2-30}$$

因此，可加性法则仍然是遵守的。虽然本章中计算出的参数 k 与冷速的关系比方程（2-29）要复杂得多，但两者都表明 k 是和冷却速度相关的。图2-14 中的实线表明，尽管可加性法则需要作出一定的修正，但变温相变和恒温相变动力学的转变还是可以准确地实现的。

2.4　本章小结

（1）基于 Bhadeshia 等学者的理论模型推导，建立了从连续冷却相变膨胀曲线中提取铁素体相变分数的数据处理方法，并实现了程序化处理，为相变模型的建立提供了准确的数据基础。

（2）将 RIOS 方法用于连续冷却相变建模，采用奥氏体/铁素体相变初期的数据，拟合 $\ln\ln[\,1/(1-X)\,]$ 和 $\ln(\,|\,C_R\,|\,)$ 获得了很好的线性关系，成功地计算出了 JMAK 方程中的指数 n。同不含 Nb 的 N1 钢比较，Nb 在奥氏体晶界处的偏聚极大地降低了晶界能，使晶面形核成为了主要形核方式，最终导致含 Nb 微合金钢的指数 n 降低至 $1 \sim 2$。

（3）当将 RIOS 方法计算出的 k 应用于连续冷却相变动力学预测时产生了较大的偏差，可能的原因是可加性法则被假设是严格遵守的或计算的 k 值对应较小的温度区间。采用优化方法计算出的参数 k，表明其与冷却速度的相关性，当其用于预测连续冷却相变动力学时获得了较高的精度。

（4）尽管可加性法则需要作出一定的修正，把冷却速度的因素考虑在内，但无论从理论角度还是实验角度，变温相变与恒温相变动力的相互转换都是可行的。

3 TRIP 钢和 CP 钢的
连续冷却相变模型

描述等温相变过程的 JMAK 方程中，动力学参数 k 通常被看做是温度的函数。在此基础之上，第 2 章中结合 RIOS 方法和优化方法分析了 4 种不同化学成分的 Nb 微合金钢的连续冷却相变动力学。$\ln\ln[1/(1-X)]$ 与 $\ln|C_R(X, T)|$ 获得了很好的线性关系，表明相变初期基本遵守可加性法则。但由于实验数据量的不充分使 RIOS 方法只能应用于较小的温度区间，以及可加性法则在相变后期的适用性问题使 RIOS 方法在动力学参数 k 的计算中出现了一定的局限。

本章针对 TRIP 钢和 CP 钢的连续冷却过程，对 RIOS 方法在应用过程中出现的问题进行深入探讨；开发了一种新的基于 JMAK 方程和可加性法则的建模方法；研究发现 JMAK 方程中的参数 k 既是温度的函数，也是已相变分数的函数，在此基础之上对 RIOS 方法进行了修正；通过以上两种建模方法的应用，建立了 TRIP 钢和 CP 钢的连续冷却相变模型。本章的内容是基于与加拿大 UBC 大学在先进高强钢（Advanced High Strength Steel，AHSS）连续冷却相变过程建模的合作研究。热模拟实验部分由 UBC 大学的刘东升（TRIP 钢）和 S. Sarkar（CP 钢）完成，铁素体和贝氏体相变动力学的建立由作者完成。

3.1 实验方法

3.1.1 实验材料和设备

实验材料为一种含 Nb、Mo 的 CP 钢和含 Mo 的 TRIP 钢，化学成分如表 3-1 所示。热模拟试样取自锻造棒材，截面尺寸为 60mm × 200mm。静态 CCT 实验采用 ϕ8mm × 20mm 管状试样，壁厚为 1mm。动态 CCT 实验采用圆柱形试样，工作区尺寸为 $\phi 6\text{mm} \times 10\text{mm}$。

表 3-1　实验用钢化学成分（质量分数,%）

钢种	C	Mn	Si	S	P	Nb	Mo	Al	N
CP	0.05	1.88	0.04	0.007	0.005	0.048	0.49	0.05	0.004
TRIP	0.19	1.5	1.6	—	—	—	0.2	—	—

连续冷却相变实验在 Gleeble3500 热模拟机上进行,实验真空度为 1.3×10^{-4} Pa。试样表面中间位置焊有热电偶,在温度 $T \leqslant 1000\,^{\circ}\mathrm{C}$ 时,采用 K 型热电偶,$T > 1000\,^{\circ}\mathrm{C}$ 时采用 S 型热电偶。实验过程中采用接触式应变仪测量径向膨胀量。

3.1.2　实验方案

图 3-1 为 CP 钢的实验规程图。静态 CCT 实验规程为：以 5℃/s 加热试样至奥氏体化温度 950 ~ 1250℃,保温 2min；当加热温度为 1050 ~ 1250℃ 时,试样将以 10℃/s 冷却至 950℃,然后应用氦气以 1 ~ 100℃/s 冷却至 200℃。动态 CCT 实验规程为：以 5℃/s 加热至奥氏体化温度 950 ~ 1100℃,保温 2min；然后以 10℃/s 冷却至 875℃,保温 5s 使试样温度均匀化；变形 0.4 ~ 0.6 后,以 1 ~ 40℃/s 冷却至 200℃。因为设备的设置问题,在冷却过程中没有使用氦气作为介质,对变形试样仅能获得最大 40 ~ 50℃/s 的冷却速度。

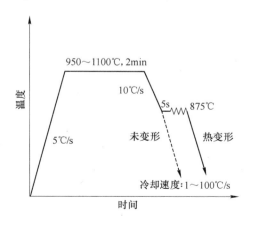

图 3-1　CP 钢热模拟实验规程图

CP 钢热模拟实验参数如表 3-2 所示。采用 Thermo-Calc 软件的 Fe2000 数

据库计算的 A_{e3} 温度为 832℃。实验的其他细节参见文献 [36]。

表 3-2 CP 钢热模拟实验参数

加热温度/℃	初始奥氏体 晶粒直径/μm	应变量	冷却速度/℃·s⁻¹
950	8		
1050	20	0, 0.4, 0.6	1, 5, 15, 40, 100
1100	62		

TRIP 钢实验规程见文献 [37]，实验参数如表 3-3 所示。

表 3-3 TRIP 钢热模拟实验参数

加热温度/℃	初始奥氏体 晶粒直径/μm	变形温度/℃	应变量	冷却速度 /℃·s⁻¹
950	24	850	0, 0.3, 0.6	1, 5, 7.5, 10

3.2 实验结果

3.2.1 热膨胀曲线的处理

连续冷却相变实验热膨胀曲线采用杠杆法则[38,39]转换为相变动力学曲线，图 3-2 为应用杠杆法则计算相变分数的示意图。根据杠杆法则：

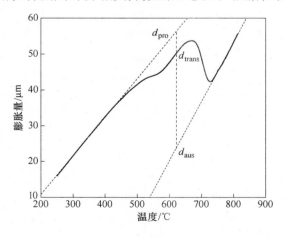

图 3-2 杠杆法则应用示意图

$$F(X) = \frac{d_{\mathrm{m}}(T) - d_{\mathrm{aus}}(T)}{d_{\mathrm{pro}}(T) - d_{\mathrm{aus}}(T)} \tag{3-1}$$

式中　$F(X)$——总相变分数；

　　　$d_{\mathrm{m}}(T)$——实验测量的膨胀曲线；

　　　$d_{\mathrm{aus}}(T)$——奥氏体冷缩段的延长线，$d_{\mathrm{aus}}(T) = A_1 + S_{\mathrm{aus}}T$；

　　　$d_{\mathrm{pro}}(T)$——相变最终组织的冷缩段延长线，$d_{\mathrm{pro}}(T) = A_2 + S_{\mathrm{pro}}T$。

A_1 和 A_2 为常数，S_{aus} 和 S_{pro} 分别为奥氏体和相变最终组织的膨胀系数。

图 3-2 的热膨胀曲线经杠杆法则处理后的相变动力学曲线如图 3-3 所示。

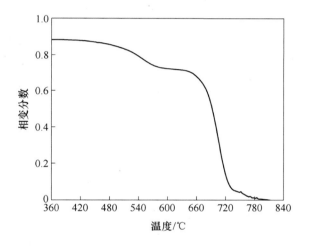

图 3-3　典型的相变动力学曲线

$F(X)$ 为包含铁素体、贝氏体和马氏体的真实相变分数，在建立铁素体相变动力学模型之前，需要经过平衡状态下相变分数常化处理，即：

$$X_\alpha = \frac{X_\alpha^{\mathrm{true}}}{X_\alpha^{\mathrm{eq}}} \tag{3-2}$$

$$X_\alpha^{\mathrm{eq}} = \frac{c_{\mathrm{eq}}^\gamma - c^0}{c_{\mathrm{eq}}^\gamma - c_{\mathrm{eq}}^\alpha} \tag{3-3}$$

式中　c^0——碳浓度；

　　　c_{eq}^α——平衡状态下碳在铁素体中的浓度；

c_{eq}^{γ}——平衡状态下碳在奥氏体中的浓度。

c_{eq}^{α}、c_{eq}^{γ} 为 Thermo-Calc 软件采用正平衡（ortho-equlibrium）状态下的计算值。贝氏体的真实相变分数在建模之前也需要常化处理：

$$X_{B} = \frac{X_{B}^{true}}{1 - X_{\alpha}^{true}} \qquad (3\text{-}4)$$

而在文献［36］中采用的常化处理因子为 $1/(1 - X_{\alpha}^{true} - X_{MA}^{true})$。

3.2.2 CP 钢铁素体相变开始温度（A_{r3}）

第 2 章中铁素体相变开始温度的计算是基于孕育期和可加性法则，而文献［36］中应用铁素体形核位置饱和理论[40,41]，是假设在温度 T_{N} 下于奥氏体三角晶界处形核的铁素体的早期长大是奥氏体中碳的扩散控制的，即：

$$\frac{dr_{\alpha}}{dT}\frac{dT}{dt} = D_{C}\frac{c_{eq}^{\gamma} - c^{0}}{c_{eq}^{\gamma} - c_{eq}^{\alpha}}\frac{1}{r_{\alpha}} \qquad (3\text{-}5)$$

式中 r_{α}——铁素体晶粒直径；

D_{C}——碳在奥氏体中的扩散浓度。

当式（3-6）满足时，达到形核位置饱和状态。

$$r_{\alpha} \geqslant \frac{c^{*} - c^{0}}{c_{eq}^{\gamma} - c^{0}}\frac{D_{eff}^{\gamma}}{\sqrt{2}} \qquad (3\text{-}6)$$

式中 D_{eff}^{γ}——奥氏体有效晶粒直径；

c^{*}——铁素体晶核生长附近区域的临界碳浓度。

当碳浓度大于 c^{*} 时铁素体形核将得到抑制。对于恒定冷却速度（φ），由式（3-5）和式（3-6）可得：

$$c^{*} - c^{0} = \frac{2(c_{eq}^{\gamma} - c^{0})}{\varphi^{1/2}D_{eff}^{\gamma}}\sqrt{\int_{T_{s}}^{T_{N}} D_{C}\frac{c_{eq}^{\gamma} - c^{0}}{c_{eq}^{\gamma} - c_{eq}^{\alpha}}dT} \qquad (3\text{-}7)$$

由式（3-7）可以看出，铁素体相变开始温度 T_{s} 是冷却速度和晶界面积（φ

$(D_{\text{eff}}^{\gamma})^2$）的函数。采用以上模型，文献［36］计算得出 $T_N = 782℃$，及临界碳浓度为：

$$c^* = \left(3.1 + \frac{22}{D_{\text{eff}}^{\gamma}}\right)c^0 \qquad (3-8)$$

3.2.3 CP 钢铁素体相变的停滞

由于较高的钼碳比（Mo/C），在 CP 钢中出现了铁素体相变后期相变速度减小，甚至趋于零的现象，尤其是在较低的冷却速率的条件下，如图 3-4 中椭圆区域。这被称作是"相变停滞(transformation stasis)"。

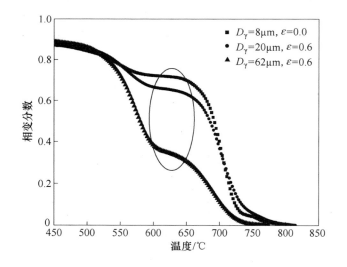

图 3-4 铁素体相变过程中的相变停滞

文献［83］通过引入临界驱动力（ΔG_{stasis}）模型来描述这一现象。

$$\Delta G_{\text{stasis}} = 3784 - 5.14T \qquad (3-9)$$

当 $\Delta G = \Delta G_{\text{stasis}}$ 时，相变停滞，即 $\mathrm{d}X/\mathrm{d}t = 0$，其中 ΔG 为铁素体相变驱动力。为了使相变动力学曲线平滑，采用因子 λ 乘以相变速率，当铁素体相变驱动力在临界驱动力 ±20% 范围内时，λ 从 1 逐渐减小至 0。

3.2.4 相变动力学建模

3.2.4.1 RIOS 方法的应用

A 铁素体相变分数 $X(C_R, T)$ 等高线图

第 2 章中对 RIOS 方法的理论进行了详细地介绍,本节将该方法应用于 TRIP 钢和 CP 钢的连续冷却相变过程动力学分析,对其中遇到的问题进行深入的分析与讨论。

采用相变实验数据,图 3-5 和图 3-6 分别为 TRIP 钢和 CP 钢铁素体相变分数的 $X(C_R, T)$ 等高线图,图 3-7 为 CP 钢贝氏体相变分数的 $X(C_R, T)$ 等高线图,图中注释分别为相变初始条件和数据点代表的相变分数。对比图 3-5 ~ 图 3-7 可以看出,铁素体相变分数的 $X(C_R, T)$ 等高线出现了两种不同的曲线形状:向上弯曲和向下弯曲。

B 相变分数 $X(C_R, T)$ 等高线的曲线形状

图 3-8 为典型的等温转变曲线。根据 RIOS 方法中式(2-14)可知,对于某一相变等高线 $X = X_0$,在鼻温点(T_{nose})以上 $\partial T / \partial C_R$ 随着温度的升高而增大;在鼻温点以下 $\partial T / \partial C_R$ 随着温度的升高而减小。而对于某一温度 $T = T_0$,$\partial T / \partial C_R$ 随着 X 的增大而增大。根据以上分析,相变分数 $X(C_R, T)$ 等高线的形状如图 3-9 所示。

由图 3-8 可知,TTT 图中的鼻温点对 RIOS 方法应用过程中 $X(C_R, T)$ 等高线的曲线拟合起到至关重要的作用。但鼻温点并不能从连续冷却相变实验中确定。因此,从实验中获取更多的数据点对于 RIOS 方法的正确应用和提高计算精度是很必要的。

3.2.4.2 基于 JMAK 方程和可加性法则的建模新方法

D. Pont[14] 和 S. Malinov[15] 采用的数值方法建立相变模型,事实上是一种数学优化方法。在建模之前,必须预先假设 $k = k(T)$ 满足某种具体函数关系。因此,如何从实验数据中提取动力学参数 k 与温度 T 和相变分数 X 的关系是

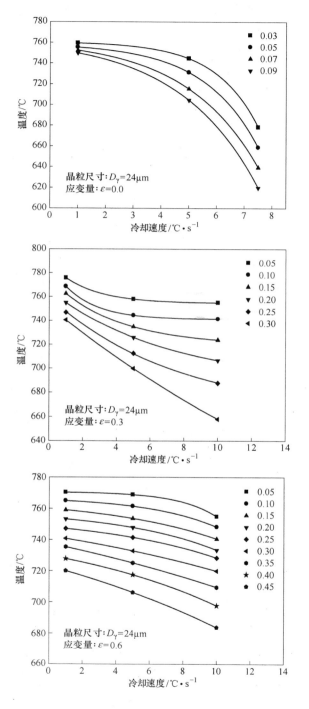

图 3-5　TRIP 钢铁素体相变分数 $X(C_R, T)$ 等高线图

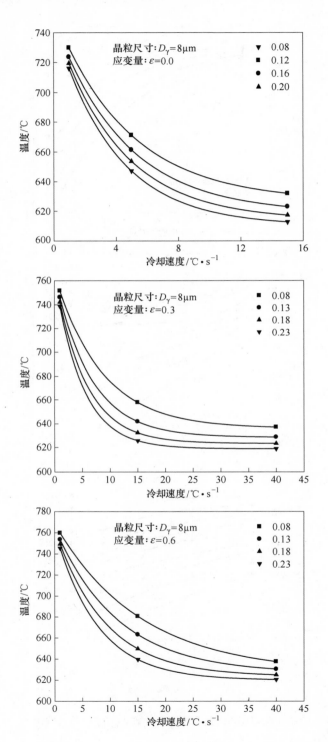

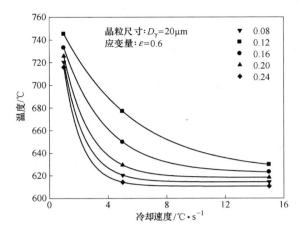

图 3-6 CP 钢铁素体相变分数 $X(C_R, T)$ 等高线图

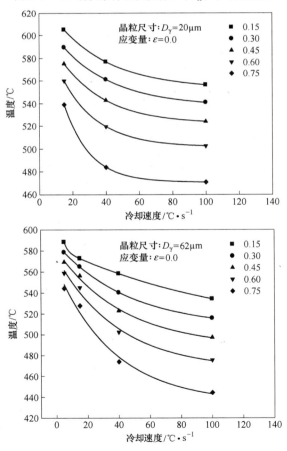

图 3-7 CP 钢贝氏体相变分数 $X(C_R, T)$ 等高线图

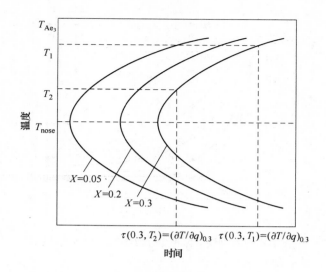

图 3-8　典型的等温转变曲线

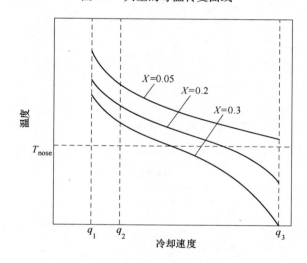

图 3-9　基于 RIOS 方法推导的相变分数 $X(C_R, T)$ 等高线

很有必要的。

　　根据 JMAK 方程和可加性法则，连续冷却相变过程中任意温度 T_i 对应的相变分数 X_i 为：

$$X_i = 1 - \exp\left\{ -\left[\frac{1}{C_R} \int_{A_{c3}}^{T_i} k(X,T)^{\frac{1}{n}} \mathrm{d}T \right]^n \right\} \tag{3-10}$$

设 $n = 1.0, I_i = C_R \cdot [-\ln(1 - X_i)]$，则：

$$k(X_i, T_i) = \frac{I_i - I_{i-1}}{T_i - T_{i-1}} \quad\quad (3\text{-}11)$$

因此，由式（3-11）可以计算出对应于相变任意温度 T_i 和该温度下的相变分数 X_i 的动力学参数 k。通过提取各冷却速度下具有相同相变分数的数据点，可以得出不同相变分数下温度与 $\ln k$ 的关系。TRIP 钢和 CP 钢三种典型的结果如图 3-10 所示。图 3-10 中位于同一条线上的数据点具有相同的相变分数。

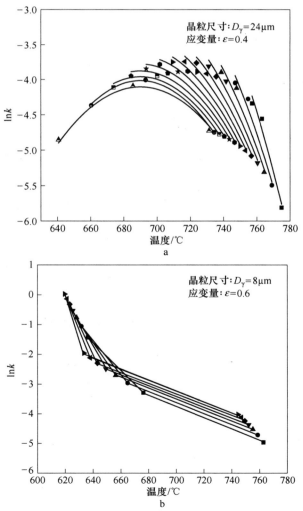

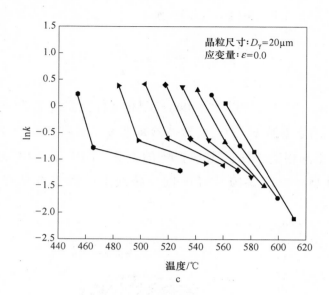

图 3-10 $\ln k$ 与温度间关系的典型结果

a—TRIP 钢的铁素体相变；b—CP 钢的铁素体相变；c—CP 钢的贝氏体相变

从图 3-10 中可以看出，对于 TRIP 钢的铁素体相变，$\ln k$ 随温度呈抛物线的规律变化；而对于 CP 钢而言，$\ln k$ 随温度单调递减，并且在铁素体相变中相变分数对 k 基本上没有影响，即可以看作 k 与相变分数无关。TRIP 钢中碳含量较高（0.19%），而 CP 钢中铁素体相变的发生提高了奥氏体中碳的浓度，因此初步分析较高的碳浓度使已相变分数对动力学参数 k 也产生了影响。

3.2.4.3   RIOS 方法的修正

通常 JMAK 方程中的动力学参数 k 仅被看做是温度 T 的函数。由 3.2.4.2 节可知，对于 TRIP 铁素体相变和 CP 钢贝氏体相变，参数 k 同时也是已相变分数 X 的函数。在本节中将推导在这种情况下它满足可加性法则的一般形式。

假设 $k = k(T,X)$，则相变动力学方程转化为：

$$\dot{X} = \frac{k(X,T)^{\frac{1}{n}}\{n \cdot (1 - X)[-\ln(1 - X)^{\frac{n-1}{n}}]\}}{1 - (1 - X) \cdot \dfrac{\mathrm{d}k}{\mathrm{d}X} \cdot \left[-\dfrac{\ln(1 - X)}{k}\right]} \tag{3-12}$$

根据 Mark Lusk 等人[11]的研究结论，当满足式（3-13）和式（3-14）时相变可加。

$$k = h(T) \cdot l(X) \tag{3-13}$$

$$\frac{\mathrm{d}k}{\mathrm{d}X} = l'(X) \cdot k \tag{3-14}$$

由以上两式可以推导出动力学参数 k 的一般形式为：

$$\ln k = H(T) + L(X) \tag{3-15}$$

将式（3-15）代入式（2-21）可得：

$$\ln\ln\left(\frac{1}{1-X}\right) = H(T) + L(X) + \ln\left[\,|C_R(X_0,T)| \cdot \left(\frac{\partial T}{\partial C_R}\right)_{X_0}\right]^n -$$

$$n \cdot \ln(\,|C_R(X,T)|\,) \tag{3-16}$$

对于某一恒定的温度 $T = T_0$，变化相变分数 X 可以获得一组方程：

$$\begin{cases} \ln\ln\left(\dfrac{1}{1-X_1}\right) = L(X_1) - n \cdot \ln[\,|C_R(X_1,T)|\,] + \mathrm{const} \\[2mm] \ln\ln\left(\dfrac{1}{1-X_2}\right) = L(X_2) - n \cdot \ln[\,|C_R(X_2,T)|\,] + \mathrm{const} \\[2mm] \qquad\qquad\qquad \cdots \\[2mm] \ln\ln\left(\dfrac{1}{1-X_m}\right) = L(X_m) - n \cdot \ln[\,|C_R(X_m,T)|\,] + \mathrm{const} \end{cases} \tag{3-17}$$

其中：

$$\mathrm{const} = H(T_0) + \ln\left[\,|C_R(X_0,T)| \cdot \left(\frac{\partial T}{\partial C_R}\right)_{X_0}\right]^n \tag{3-18}$$

假设 $L(X)$ 的方程形式已知，当实验数据足够时可以通过多元回归分析计算指数 n 和动力学参数 k。

3.2.4.4 相变建模与验证

A 指数 n 的计算

根据 3.2.4.2 节的研究分析，对于 CP 钢铁素体相变，动力学参数 k 仅仅是相变温度的函数，因此可以应用 RIOS 方法计算 JMAK 方程中的指数 n。基于图 3-6 中的相变分数等高线，按照 RIOS 方法中式（2-21）可得 $\mathrm{lnln}[1/(1-X)]$ 与 $\ln|C_R(X,T)|$ 的直线关系如图 3-11 所示。

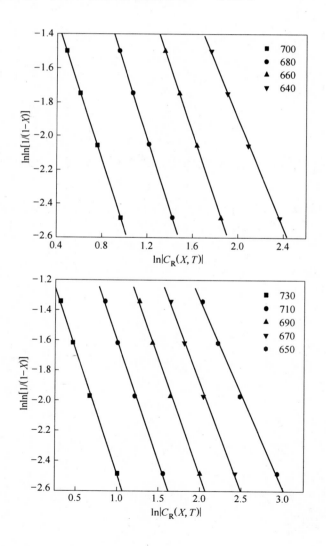

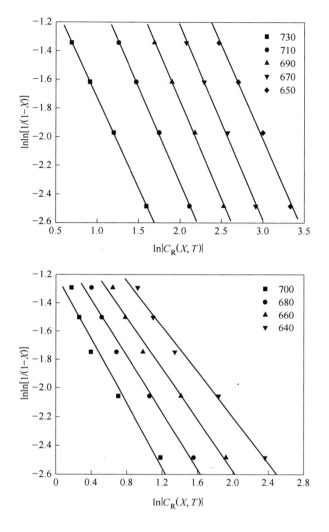

图 3-11 对应图 3-6 的 $\ln\ln[1/(1-X)]$ 与 $\ln|C_R(X,T)|$ 的直线关系

　　由图 3-11 可以计算出不同初始奥氏体晶粒直径、不同温度下的指数 n，变化范围为 $0.9 \sim 1.9$，取平均值为 1.4。但对于 TRIP 钢的铁素体相变和 CP 钢的贝氏体相变，动力学参数 k 是已相变分数和温度的函数，而由于实验数据的缺乏不能够应用修正的 RIOS 方法，因此指数 n 按照文献[36]分别设置为 1 和 0.85。

B　动力学参数 k 的建模

　　根据上述计算和设置的指数 n，应用 3.2.4.2 节开发的新方法建立动力学

参数 k 的模型。基于图 3-10 的计算结果，可以推断 $\ln k$ 与温度满足高斯曲线关系，如图 3-12 所示。

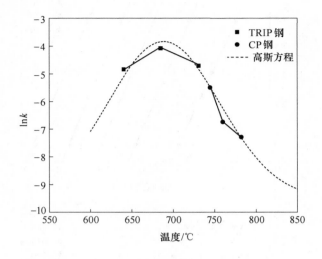

图 3-12　$\ln k$ 与温度的高斯曲线关系

为了减少模型中参数的个数，常常采用简化的模型拟合数据点。当实验数据点分布于高斯曲线顶点附近时，即 TRIP 钢铁素体相变计算结果，可以采用二次曲线拟合 $\ln k$ 与温度的关系，见式（3-19）；当实验数据点分布于高斯曲线一侧时，即 CP 钢的计算结果，可以采用直线或者指数递减曲线拟合 $\ln k$ 与温度关系，见式（3-20）。

$$\ln k = A_1 (T - T_0)^2 + A \tag{3-19}$$

$$\ln k = A_1 \cdot T + A \tag{3-20}$$

基于图 3-10 的分析，相变分数 X 与式（3-19）或式（3-20）中参数 A 相关。在 TRIP 钢的铁素体相变和 CP 钢的贝氏体相变建模过程中，均采用式（3-19）的抛物线模型，得到相变分数 X 与参数 A 的关系如图 3-13 所示。其中 T_0 为根据图 3-10 预设的某一数值，从而确定相变分数 X 与参数 A 之间的函数关系。

为描述不同铁素体相变分数下的贝氏体相变，铁素体相变结束时的奥氏体晶粒直径 $D_{\mathrm{eff}}^{\gamma_{\mathrm{rem}}} = \sqrt[3]{(1 - X_\alpha^{\mathrm{true}})(D_{\mathrm{eff}}^\gamma)^3}$ 和碳浓度 $c_{\mathrm{eff}}^{\gamma_{\mathrm{rem}}} = c^0 / (1 - X_\alpha^{\mathrm{true}})$ 也被纳入贝氏体相变模型中[36]。最终模型中的参数通过优化方法进行调整，如表 3-4

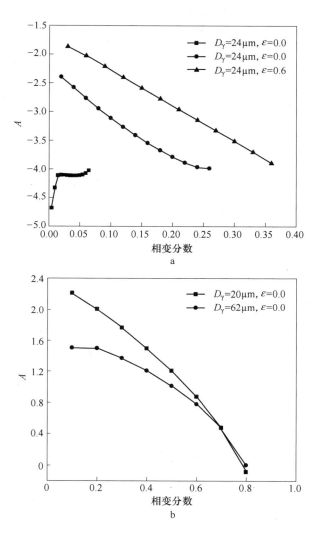

图 3-13　相变分数 X 与参数 A 的关系

a—TRIP 钢的铁素体相变；b—CP 钢的贝氏体相变

和表 3-5 所示。

表 3-4　TRIP 钢铁素体相变动力学的 JMAK 模型参数

铁素体相变：$\ln(k_X) = A_1(T - T_0)^2 + A_2 \cdot X_f + A_3 \ln(D_{eff}^\gamma) + A_4$					
A_1	A_2	A_3	A_4	T_0	n
-4.14×10^{-4}	-5.11	2.75	5.96	687.7	1

表 3-5 **CP 钢铁素体和贝氏体相变动力学的 JMAK 模型参数**

铁素体相变：$\ln(k_X) = A_1 T + A_2 \ln(D_{eff}^\gamma) + A_3$			
A_1	A_2	A_3	n
-0.032	-1.5458	20.075	1.4
贝氏体相变：$\ln(k_X) = B_1(T - T_0)^2 + \ln(B_2 - X_B) + B_3 c_{eff}^{\gamma rem} \ln(D_{eff}^{\gamma rem}) + B_4$					
B_1	B_2	B_3	B_4	T_0	n
-9.7×10^{-5}	0.907	-19.39	5.78	399.8	0.85

C 相变模型的验证

图 3-14 为 TRIP 钢铁素体相变模型预测值与实测值的对比图。同文献

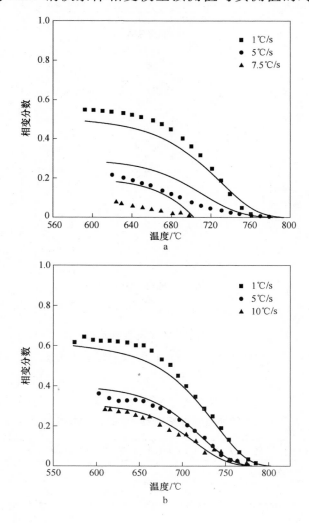

a

b

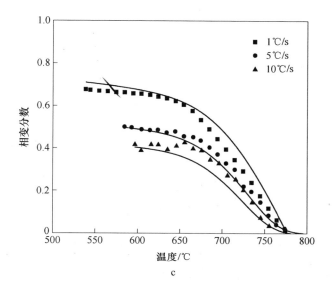

c

图 3-14　TRIP 钢在不同应变条件下的铁素体相变动力学
模型预测值（实线）与实测值（数据点）的对比
a—0.0；b—0.4；c—0.6

[37] 中铁素体相变动力学模型的验证结果对比，本书中建立的模型获得了更高的预测精度。

图 3-15 和图 3-16 分别为 CP 钢铁素体和贝氏体相变模型预测值与实测值

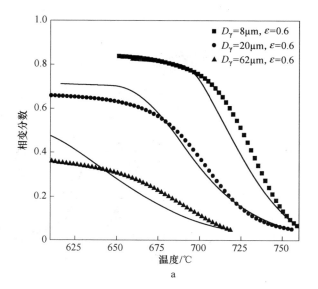

a

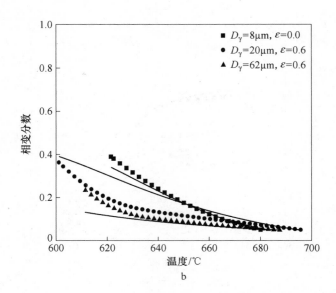

b

图 3-15　不同初始奥氏体晶粒直径条件下 CP 钢铁素体相变动力学模型
预测值（实线）与实测值（数据点）的对比

a—1℃/s；b—5℃/s

的对比，可以看出模型获得了很好的预测精度。然而，随着初始奥氏体
晶粒直径的增大，模型的预测精度下降，如图 3-16b 中 $D_\gamma = 62\mu m$ 的预测

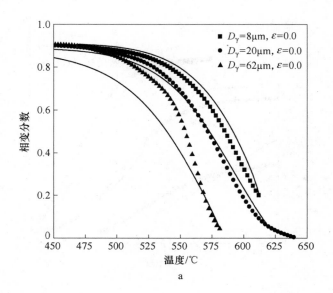

a

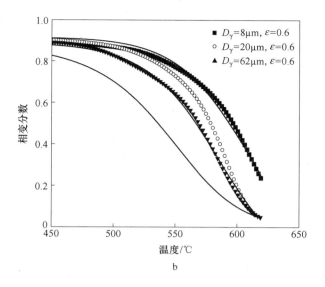

图 3-16 CP 钢贝氏体相变动力学模型预测值（实线）
与实测值（数据点）的对比
a—15℃/s；b—40℃/s

结果。对于初始奥氏体晶粒直径较大的贝氏体相变，交互式的形核，即形核与长大同时发生，主导着相变的进行，从本质上来说，这种相变机制是不可加的[36]。

3.3　本章小结

（1）根据 RIOS 方法的理论，分析了相变分数 $X(C_R, T)$ 等高线图的正确曲线形状。等温相变曲线 TTT 图中的鼻温点对曲线的拟合尤为重要，在鼻温点未知的条件下，实验数据点的充分是正确应用 RIOS 方法和提高计算精度的关键。

（2）基于 JMAK 方程和可加性法则的建模新方法分析表明，动力学参数 k 与温度呈高斯曲线关系，但可以采用线性或者抛物线模型以减少模型参数的个数。

（3）动力学参数 k 不仅是温度的函数，也是已相变分数的函数，分析认为较高的碳浓度是导致已相变分数对参数 k 产生影响的一个因素；当 k =

$k(T,X)$ 时，对 RIOS 方法进行了修正。

（4）综合应用 RIOS 方法和基于 JMAK 方程与可加性法则的建模新方法，建立了 TRIP 钢铁素体相变、CP 钢铁素体和贝氏体相变动力学模型，模型预测值与实测值吻合良好，充分验证了建模方法的有效性。

4 Fe-Mn 合金界面反应控制相变动力学

钢中添加合金元素的主要作用是控制轧制与冷却等工艺过程中的再结晶、相变等物理冶金学行为，以达到期望的力学性能。除了 C、N 等间隙原子外，大部分合金元素以置换固溶形式存在于铁基体中，其中大多数元素对奥氏体向铁素体相变具有显著的作用。因此，研究合金元素对相变的作用是实现最终力学性能控制的一个重要冶金学工具。

通常，合金元素对相变的作用主要有两种处理方式：其一是考虑相变为扩散控制模式，合金元素会改变界面处热力学平衡状态，影响界面浓度，从而间接作用于整个相变进程；其二是将合金元素的作用独立为固溶拖拽，相变的有效驱动力为化学驱动力与固溶拖拽力的差值，依据新相与母相的成分差别，相变可以为界面反应控制或者混合相变模式。在本章中，以 Fe-Mn 合金为研究对象，假设界面反应控制相变模式，考虑 Mn 对相界面产生固溶拖拽效应，以研究合金元素 Mn 与相界面的相互作用。

4.1 Mn 在钢中的作用

4.1.1 Mn 的作用概述

Mn 是钢中最常见的一个合金元素。例如，Mn 和 S 形成 MnS，以消除 S 的有效作用；Mn 降低 C 的活度，从而有效降低碳的浓度，因此，Mn 富集的区域通常会吸引 C；Mn 是奥氏体稳定化元素，抑制奥氏体的分解，类似于增加钢的淬透性；此外，Mn 作为置换固溶元素，起到置换固溶强化效应。因此，鉴于 Mn 在钢中的频繁使用，非常有必要研究 Mn 对相变动力学的作用。

针对 C-Mn 钢和微合金钢的相变动力学已有大量研究工作发表，其中部分模型提供了 Mn 对相变动力学作用的定量描述[42,43]。然而，迄今为止，Mn 以及其他合金元素对相变动力学的作用机理仍未得到明确的阐释[44]。从实验的角度观察到的基本现象是，增加 Mn% 会增大连续冷却过程中铁素体相变的过冷度；在这一过程中，Mn 不会也没有时间发生长程扩散，但是在迁移的相界面处，可能会发生局部的扩散。当前，已有证据证明相界处 Mn 的局部扩散会形成 Spike，而这一 Spike 是推迟铁素体相变的一个主要原因[45]。最近，McMaster 大学的 Zurob 等采用脱碳实验研究 Fe-C-Mn 的相变，观察到了一个更复杂的现象，即相变模式由高温时的准平衡（Para-Equilibrium）逐渐过渡到低温时的局部平衡-有限扩散（Negligible Partition-Local Equilibrium）[46]。

4.1.2 模型研究现状

描述相变动力学的模型有很多，其中 JMAK 模型因其简单、易用受到广泛的关注，并主要应用于工业生产的过程模型层面。通过与实验相变数据的拟合，可以建立针对实验钢种的动力学模型，而 Mn 的作用隐含在模型的参数中，更无法体现出 Mn 对新相形核与长大动力学的影响[42,43]。这一模型的最大缺陷是，它只适用于实验钢的化学成分与工艺范围。另一种更具实际意义的模型是基于扩散和界面反应的混合控制相变模型，模型中有效界面迁移率（Effective Mobility）是一个关键参数[47]。通常，假设迁移率与温度满足 Arrhenius 关系，其中激活能为 140kJ/mol[48]，这一数据已被大家广泛接受，那么前指数 M_0 将是唯一的拟合参数。采用这一模型，Kop 等[49]模拟了 Fe-C-Mn 合金的铁素体相变，模型中假设奥氏体晶粒为十四面体，并且铁素体形核满足位置饱和；研究发现为了准确描述实验测得的相变动力学，M_0 与冷却速率相关。Mecozzi 等[50]与 Militzer 等[51]采用相场模拟 Fe-0.1C-0.49Mn（质量分数,%）的铁素体相变，也发现了 M_0 与冷却速率的相关性。

显然，针对不同工艺路径，采用有效界面迁移率的模型并不能很好地描述相变动力学。前指数 M_0 与冷却速率的相关性可能与 Mn 的固溶拖拽效应相关，即 Mn 偏聚至相界面处，由于 Mn 的存在降低了界面迁移速率[52]。

Cahn[53]在研究固溶元素与晶界的相互作用时提出了固溶拖拽模型，后来 Purdy 和 Bréchet[54]将该模型拓展至固溶元素与相界面的相互作用，此后还有大量固溶拖拽模型发表[55~57]。最近，Fazeli 和 Militzer[58]采用固溶拖拽模型研究 Fe-0.17C-0.74Mn（质量分数,%）的铁素体相变动力学。在该模型中，前指数 M_0、合金元素与界面的结合能（Binding Energy）和合金元素穿过界面的扩散速率（Diffusivity Across Interface）为模型拟合参数；模型假设奥氏体晶粒为球体，铁素体在晶界形核向内生长。通过与等温相变数据拟合获得的模型参数，成功应用于连续冷却相变动力学的预测。然而，该模型参数中的结合能为温度的函数，这与合金元素与晶界、及其他界面的结合能定义相矛盾[59,60]。

除了以上模型，还可以将 Mn 的作用考虑在 C 的扩散模型中，改变相界面处的热力学平衡条件。Militzer 等[61]在模型中引入偏聚因子，描述 Mn 在相界面处的稳态富集；界面处 Mn 的富集降低了 C 的局部平衡浓度，从而降低相变速率。最近，在 Zurob 等[46]关于 Fe-C-Mn 铁素体相变的研究中，通过引入界面容量 X_{Mn}^* 来描述在一定成分和温度范围内的动力学变换过程，其中 X_{Mn}^* 与 C 含量相关。尽管 Fe-C-Mn 是大多数钢铁材料的基础合金系，但由于 C 和 Mn 的复杂的、强烈的相互作用，Mn 对相变的定量化作用始终未得到明确的阐释。

4.2 实验方法

4.2.1 实验材料

本章研究 Fe-Mn 合金中的奥氏体向铁素体相变动力学，包括 Fe-0.1% Mn、Fe-1% Mn 和 Fe-2% Mn；其中 1%、2% Mn 合金的相变动力学取自 Krie-laart 和 Van der Zwaag[48]的研究数据，实验采用的冷却速率相对于工业生产实际较低，分别为 10℃/min 和 20℃/min。本研究中采用一种 IF 钢，合金成分如表 4-1 所示。IF 钢中添加的合金元素 Nb、Ti 均为强碳氮化物形成元素，即通过形成 Nb、Ti 碳氮化物消除钢中游离的 C、N 原子，因此，实验钢可以看做是 Fe-0.1% Mn 的二元合金。采用 Thermo-Calc 热力学计算软件，可以得到奥氏体与两相区平衡温度 A_{e3} 为 905℃。

表 4-1　Fe-0.1%Mn 合金的化学成分

C	Si	Mn	P	S	Nb	Ti	Al	N
0.002	0.01	0.11	0.01	0.008	0.009	0.059	0.033	0.0041

4.2.2　实验方案

实验中采用管状试样，其长度为 20mm，外径和内径分别为 8mm、6mm。连续冷却相变实验在 Gleeble3500 上进行。图 4-1 中的虚线为 Krielaart 和 Van der Zwaag 研究中采用的实验规程。图 4-1 中的实线为本实验中采用的规程，将试样以 3℃/s 加热至 1050℃，等温 10min 后以 1~100℃/s 的速度冷却至室温。在实验过程中，对于不同冷却速度采用不同的 He 气流量，通过 He 气冷却与电阻加热的耦合，实现了冷却速度的精确控制。

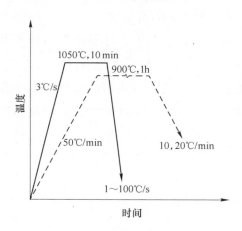

图 4-1　Fe-Mn 合金热模拟实验规程图

4.3　实验结果

4.3.1　微观组织

实验钢在不同冷却速度下得到的微观组织如图 4-2 所示。采用 2% 的硝酸酒精（Nital）溶液腐蚀，可以观察到 100% 的多边形铁素体。为了更加清晰地辨析铁素体晶界以便进行铁素体晶粒尺寸统计，55℃/s 和

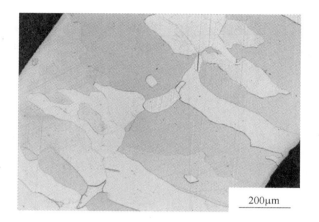

200μm

a

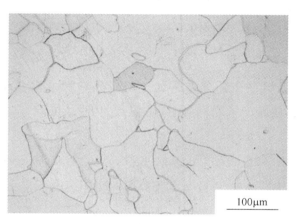

100μm

b

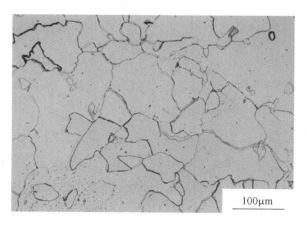

100μm

c

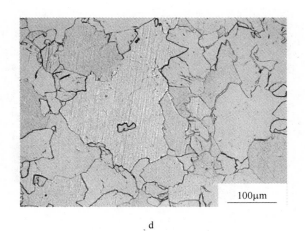

d

图 4-2　实验钢在不同冷却速度下得到的微观组织

a—1℃/s; b—10℃/s; c—55℃/s; d—100℃/s

100℃/s 的微观组织存在部分过腐蚀，但对晶粒尺寸测量误差影响可以忽略不计；其次，在统计 1℃/s 下的晶粒尺寸时，排除了在试样边界处的晶粒。

依据 ASTM E1382—97 "Average Equivalent Area Diameter Measurement" 方法，在 1℃/s、10℃/s、55℃/s 和 100℃/s 冷却速度下得到的铁素体晶粒平均尺寸分别为 86μm、38μm、26μm 和 24μm。

4.3.2　相变动力学数据

通过膨胀仪记录奥氏体向铁素体相变导致的试样直径变化，然后采用杠杆法则（Level Rule）[38,39] 可以获得相变动力学数据。从图 4-3 可以看出，随着冷却速率的增加，相变逐渐向低温区转移。

在基于扩散与界面反应的相变模型中，通常需要考虑铁素体晶粒的生长维度。传统 JMAK 模型可以在生长维度上给出一定的参考，即模型指数 n。因此，本章首先采用 JMAK 模型对实验数据进行拟合，依据指数 n 设定混合控制相变模型中的生长维度。

依据 3.2.4.2 小节中的数值建模方法，建立的 JMAK 模型如表 4-2 所示。

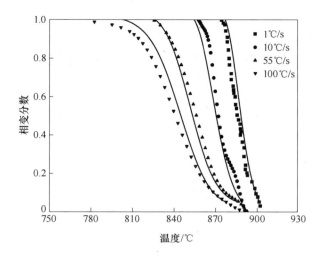

图4-3 Fe-0.1%Mn 实测相变动力学数据与 JMAK 模型预测值的对比

表4-2 JMAK 模型参数

速度参数：$\ln k = A(T-T_0)^2 + B$			
$A/\text{℃}^{-2}$	$T_0/\text{℃}$	B	n
-1.0×10^{-3}	823.3	1.9	1

图4-3 的对比表明，JMAK 模型可以很好地拟合实验数据，但以上模型需要基于 RIOS 的理论[16]进行验证。RIOS 理论的核心方程如下：

$$\tau(X_i, T) = \left(\frac{\partial T}{\partial q}\right)_{X_i} \qquad (4\text{-}1)$$

式中　$\tau(X_i, T)$——在温度 T 时等温相变获得 X_i 相变分数所需的时间。

对于任意给定的 X_i，依据表4-2 中的 JMAK 模型可以计算出任意温度下的 $\tau(X_i, T)$，将其表示为温度的函数，如下所示：

$$\ln\left(\frac{\partial T}{\partial q}\right)_{X_i} = A^*(T-T_0)^2 + B^* \qquad (4\text{-}2)$$

其中

$$\begin{cases} A^* = -\dfrac{A}{n} \\ B^* = \dfrac{1}{n}\left[\ln\ln\left(\dfrac{1}{1-X_i}\right) - B\right] \end{cases} \qquad (4\text{-}3)$$

以上方程的解为：

$$\frac{1}{2}\left(\frac{\pi}{A^*}\right)^{\frac{1}{2}} \cdot \mathrm{erf}(\xi) = q \cdot \exp(B^*) + C_2 \qquad (4\text{-}4)$$

式中，$\xi = A_2^{\frac{1}{2}}(T - T_0)$ 和 $\mathrm{erf}(\xi) = 2/\sqrt{\pi} \cdot \int_0^{\xi} \exp(-t^2)\,\mathrm{d}t$。对于任意 X_i，可根据实验数据计算出常数 C_2。因此，采用式（4-4）即可得到 RIOS 方法中的相变分数等值线图。图 4-4 为 JMAK 模型计算的相变分数等值线图与实验数据的对比，可以得出采用数值方法建立的 JMAK 模型也满足 RIOS 理论推导。

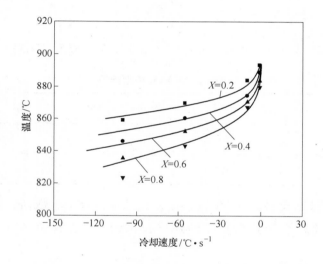

图 4-4　相变分数等值线图实验数据与模型计算值的对比

4.4　相变动力学建模

4.4.1　模型描述

在连续冷却（CCT）实验中，Fe-Mn 合金的奥氏体向铁素体相变速度较快，如图 4-3 所示。因此，Mn 的长程扩散发生的可能性很小，可以假设相变模式为界面反应控制[48,49]。此外，假设铁素体形核满足位置饱和，而且不考虑铁素体形核长大后的粗化过程，可以得到铁素体的晶核密度 N_{d} 为 $1/d_{\alpha}$。基于一维生长假设，铁素体相变速率可以表示为：

$$\frac{dX}{dt} = N_d v (1 - X) \tag{4-5}$$

式中　v——界面迁移率；

　　$1 - X$——考虑碰撞的系数。

在 Krielaart 和 Van der Zwaag[48]的研究中，采用了有效界面迁移率来描述界面迁移速率，即：

$$v = M_{eff} \Delta G_{chem} \tag{4-6}$$

式中　M_{eff}——有效界面迁移率；

　　ΔG_{chem}——化学驱动力。

对于 Fe-1% Mn 和 Fe-2% Mn，采用 140kJ/mol 的激活能可以很好的拟合实验数据；而在该模型框架下，对于 Fe-0.1% Mn，激活能必须降低为 12kJ/mol 才能获得好的拟合精度。因此，必须采用一种更为严格的模型来系统的描述以上三种 Fe-Mn 合金的相变动力学。假设将 Mn 对相界面的作用考虑为固溶拖拽，则相界面迁移速率为：

$$v = M(\Delta G_{chem} - \Delta G_{SD}) \tag{4-7}$$

式中　M——界面本征迁移率；

　　ΔG_{SD}——固溶拖拽力。

假设 Mn 在相变过程中保持与 Fe 晶格的相对位置，则 ΔG_{chem} 为奥氏体与铁素体两相自由能差。采用 Thermo-Calc 的 Fe2000 数据库，可以任意温度下的 ΔG_{chem}。

本文中采用 Fazeli 和 Militzer[58]提出的模型计算 Mn 的固溶拖拽效应。在固溶拖拽模型中，Mn 在相界面内的偏聚浓度以 C_s 表示。首先，需要引入浓度、坐标和速率的标准化参数，分别定义为 $C = C_s/C_{s0}$、$X = x/\delta$ 和 $V = v\delta/D_b$，其中 C_{s0} 为基体浓度，x 为垂直于相界面的坐标，δ 为相界面厚度的 1/2，D_b 为 Mn 穿过相界面的扩散系数。假设 Mn 与相界面的作用势能 E 为非对称的楔形井，那么其梯度可以表示为：

$$\begin{cases} \dfrac{\partial E}{\partial X} = \Delta E - E_0 & -1 < X < 0 \\[3mm] \dfrac{\partial E}{\partial X} = \Delta E + E_0 & 0 < X < 1 \end{cases} \tag{4-8}$$

式中　E_0——Mn 与相界面的结合能；

ΔE——Mn 在界面处奥氏体、铁素体两侧化学势之差的 1/2。

从物理意义上来说，结合能应该为负值，以表示原子与界面相互吸引以降低自由能；但在本研究中为了描述与相界面作用的强弱，设定结合能为正值。Fazeli 和 Militzer[58]引入有效浓度和势能项，从而消除界面静止时的残余固溶拖拽力，如下所示：

$$C_{\text{new}} = C\exp\!\left(\frac{\Delta E}{RT}X\right)$$

$$\left.\frac{\partial E}{\partial X}\right|_{\text{new}} = \frac{\partial E}{\partial X} - \Delta E \tag{4-9}$$

那么界面内 Mn 的偏聚浓度分布可解以下方程获得，即：

$$\frac{\partial C_{\text{new}}}{\partial X} + \frac{C_{\text{new}}}{RT}\frac{\partial E}{\partial X}\bigg|_{\text{new}} + V\!\left[C_{\text{new}} - \exp\!\left(\frac{\Delta E}{RT}X\right)\right] = 0 \tag{4-10}$$

式中　R——气体常数；

T——温度。

通过对相界面内偏析的 Mn 原子与势能偏导的积分，可以计算得到固溶拖拽对相界面迁移产生的阻力，即：

$$\Delta G_{\text{SD}} = -C_{\text{S},0}\int_{-1}^{1}(C_{\text{new}} - 1)\frac{\partial E}{\partial X}\bigg|_{\text{new}}\mathrm{d}X \tag{4-11}$$

4.4.2　模型应用

在以上模型中，界面本征迁移率、结合能和穿过相界面的扩散系数是拟合参数。假设界面本征迁移率和界面扩散系数与温度均满足 Arrhenius 关系，即：

$$M = M_0\exp\left(-\frac{Q}{RT}\right) \qquad (4\text{-}12)$$

和

$$\frac{D_b}{\delta} = \frac{D_0}{\delta}\exp\left(-\frac{Q_b}{RT}\right) \qquad (4\text{-}13)$$

式中，界面扩散系数被用作标准化系数，对相界面迁移速率进行标准化处理；M_0 和 D_0 均为前指数，Q 和 Q_b 为激活能。对于界面扩散系数，D_0 取值为 Mn 在铁素体[62]、奥氏体[63]基体扩散系数前指数的平均值，即假设相界面厚度为 1nm，则 D_0/δ 为 1.67cm/s；而 Q_b 则为拟合参数。对于界面迁移率，激活能已知，M_0 设置为拟合参数。除了广泛认可的 140kJ/mol，激活能也采用了 16kJ/mol[64]。这个数值是通过分子动力学模拟计算得到的，非常接近于采用有效界面迁移率模型拟合 Fe-0.1% Mn 相变动力学得到的数值。最后，Mn 与相界面的结合能 E_0 是另一个拟合参数。

　　表 4-3 为两组拟合参数结果（包括 M_0、Q_b 和 E_0），分别对应于两个界面迁移激活能 Q。图 4-5 和图 4-6 均为模型预测动力学曲线与实测数据的对比，分别对应于 140kJ/mol 和 16kJ/mol 的激活能 Q。从总体上看，在两个激活能 Q 下，均获得了较高的模型精度。因此，需要对模型参数进行进一步的分析，以判断哪一组参数更合理。

表 4-3　Fe-Mn 合金相变模型的拟合参数

参　数	Q /kJ · mol^{-1}	M_0 /cm · mol · (J · s)$^{-1}$	Q_b /kJ · mol^{-1}	E_0/kJ · mol^{-1}		
				Fe-0.1% Mn	Fe-1% Mn	Fe-2% Mn
Ⅰ	16	6×10^{-4}	206	6	18	8
Ⅱ	140	450	216	16	11	6

4.4.3　讨论

　　从表 4-3 可以看出，固溶拖拽模型中参数与本征界面迁移率的参数选择密切相关。当激活能 Q 较大时，界面本征迁移率与温度的关系曲线变得更加陡峭。对于 Fe-0.1% Mn，在实验的冷却速率条件下，相变大部分发生在高温区（>840℃）；而对于 Fe-1% Mn 和 Fe-2% Mn，相变主要发生在低温区域（<760℃）。因此，与表 4-3 中第一组参数（M_0 和 Q）相比，第二组参数设置将分别增加 Fe-0.1% Mn 和降低 Fe-2% Mn 的本征界面迁移率。因此，对于第二组参数，Fe-0.1% Mn 合金需要一个更大的固溶拖拽效应以平衡本征迁移率的增大，即结合能更大。如图 4-7a 所示，结合能越大，固溶拖拽效应越明显。

此外，固溶拖拽也是相界面迁移速率的函数，在该模型中采用的是 D_b/δ 标准化处理后的 V。当 V 约为 1.8 时，固溶拖拽效应达到最大值。因此，如

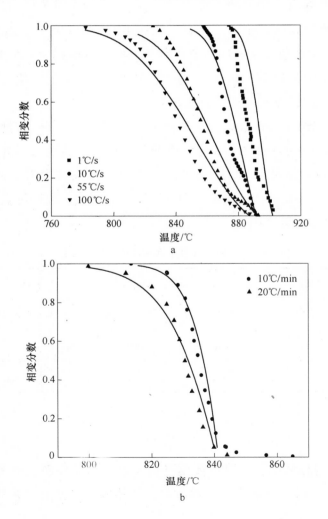

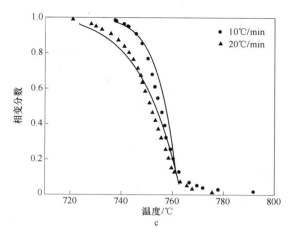

图 4-5 采用第一组参数的模型预测值与实测值的对比

a—Fe-0.1% Mn；b—Fe-1% Mn；c—Fe-2% Mn

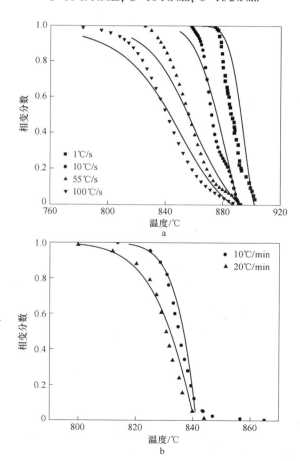

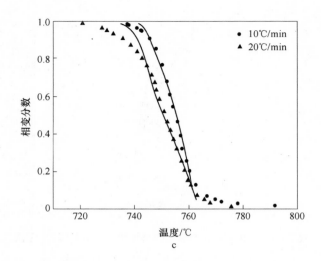

图 4-6 采用第二组参数的模型预测值与实测值的对比

a—Fe-0.1% Mn；b—Fe-1% Mn；c—Fe-2% Mn

图 4-7b 所示，界面扩散激活能 Q_b 决定了固溶拖拽起到显著作用的温度区间。当 Q_b = 190kJ/mol 时，固溶拖拽效应随着温度的降低，并在相变终了时逐渐达到最大值；而当 Q_b = 216kJ/mol 时，固溶拖拽效应在 850℃时达到最大，即铁素体相变的早期阶段。

在本研究中得到的两组参数中的 Q_b 比较接近，它们均比奥氏体和铁素体基体扩散激活能小，分别为顺磁铁素体基体扩散激活能的 88% 和 92%。由此可以认为，拟合获得的界面扩散激活能在一个合理的范围内。另外，采用 Q_b 而不是 D_b/δ 作为拟合参数，最终得到的结合能与温度无关。而在 Fazeli 和 Militzer[58] 的研究中，设定 Q_b 拟合 D_b/δ，得到的结合能体现出强烈的温度相关性。

表 4-3 中的结合能与其他文献中的实测值比较接近，例如在 Mn 向奥氏体、铁素体晶界偏聚研究中得到的结合能分别为 8 ± 3kJ/mol[59]、5.5kJ/mol[60]。然而，表 4-3 中结合能随 Mn% 的变化趋势却不相同。在第一组模型参数中，1% Mn 获得了最大的结合能，而第二组参数的结果是，结合能随着 Mn% 的增加而逐渐减小。显而易见，第二组模型参数更加合理，可以解释如下。从结合能的定义来看，很容易理解为当任意 Mn 原子偏聚至相界时，它

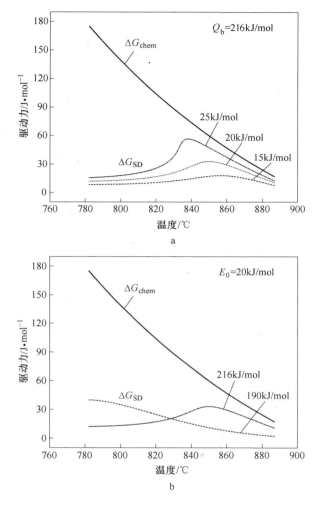

图 4-7 对 Fe-0.1% Mn，在 100℃/s 冷速下，

模型参数对固溶拖拽效应的影响

a—E_0；b—Q_b

在界面内的任意位置处的结合能是相同的。然而，通过第一原理模拟得到，在相界面内有一些偏好的位置具有更高的结合能[65]。当 Mn 原子偏聚至相界面时，它们首先占据这些偏好位置，随着更多的 Mn 原子偏聚至相界面，一些次要的位置也逐渐被占据，最终导致平均结合能的降低。为了比较三种 Fe-Mn 合金在相界面的偏聚程度，可以采用式（4-14）计算最大平衡偏聚

量，即：

$$C_{\max} = C_{s,0}\exp\left(\frac{E_0 - \Delta E}{RT}\right) \tag{4-14}$$

式中，$C_{\max}$ 也即是当界面迁移速度为零（静止界面）时，相界面中心位置的溶质浓度。采用表 4-3 中的第二组参数中的结合能，计算三种 Fe-Mn 合金相界面内的最大偏聚量，如图 4-8 所示。可以看出，尽管结合能随 Mn 含量的增大而减小，但相界面内的最大偏聚量仍然随着 Mn 含量的增大而增大。这与界面内存在偏好位置的假设是一致的。因此，表 4-3 中第二组参数更合理。

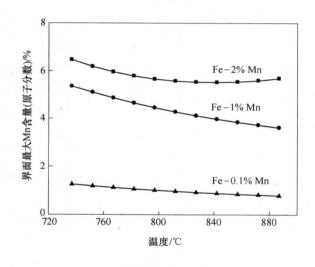

图 4-8　相界面内的最大 Mn 偏聚量

4.5　小结

本章假设铁素体形核位置饱和与一维生长模式，采用界面反应控制相变模式，并考虑 Mn 对界面迁移产生固溶拖拽效应，模拟了三种 Fe-Mn 合金的奥氏体向铁素体相变动力学。

通过拟合实验参数得到，Mn 的界面扩散激活能为 216kJ/mol，达到顺磁铁素体中扩散激活能的 92%，表明相界面内的快速扩散现象；Mn 与相界面的结合能为 16 ~ 6 kJ/mol，与其他研究中的实测值近似。结合能与 Mn% 的关系可以做如下解释，在相界面内存在偏好的位置，具有较高的结合能，随着越来越多的 Mn 原子偏聚到相界面，平均结合能逐渐降低。为了更进一步验证以上推断，需要开展原子尺度的模拟，例如利用第一原理密度泛函理论模拟相界面内不同位置处固溶原子与相界面的相互作用。

5 含 Nb 钢混合控制相变动力学

5.1 Nb 对相变的作用

铌（Nb）是一种广泛应用的微合金元素，在钢中通常以固溶原子或碳氮化物形式存在。对于含 Nb 微合金钢的热轧，Nb 在钢中的存在状态及其对奥氏体向铁素体、贝氏体相变的作用规律是决定最终微观组织及最终力学性能的关键[66]。

从热力学上来说，Nb 作为铁素体稳定元素，会提高 A_{e3} 温度[67]；但在动力学上，少量 Nb 的添加会很大程度上推迟奥氏体向铁素体相变。这种现象通常解释为，由于与 Fe 晶格较大的错配度，Nb 易于偏析至晶界降低晶界能量，偏析至相界面对相界迁移产生拖拽效应；Nb 与 C 原子较强的相互作用降低了 C 的活度，抑制了 C 的扩散[68,69]。大多数研究者都将 Nb 对铁素体相变的抑制作用归纳为溶质拖拽效应[52,54,55]。然而，溶质拖拽理论是基于扩散相变，与贝氏体的切边相变机制不相适应，因此，Nb 对贝氏体相变的抑制作用主要是体现在，Nb 的偏析使奥氏体晶界稳定化，抑制了贝氏体铁素体在晶界的形核[68]。当 Nb 以析出物形式存在时，它对相变的作用很大程度上取决于其尺寸，或者说它与奥氏体的取向关系[70]。例如，较小尺寸的析出物对铁素体、贝氏体的形核起阻碍作用，因为具有较高界面能的奥氏体晶界被共格或半共格的析出物/奥氏体界面占据[20,71]；而当析出物粗化后，共格关系消失，从而为新相的形核提供有利条件[72,73]。

尽管关于 Nb 对相变的影响已有大量研究工作发表，但大多的研究结果均是反映为 Nb 降低铁素体、贝氏体相变开始温度，很少有从动力学角度开展的研究分析。这其中有一个很重要的原因就是相变动力学模型开发具有一定的难度，例如现在大量应用的相场模型有一个很大的不足之处是，在模拟连续冷却相变时相界面迁移率表现出与冷却速率的相关性，这与界面迁移率的物理定义是相矛盾的[49,50]。本节通过精心设计的热模拟工艺，获得具有相同晶粒尺寸、不同 Nb 含量的奥氏体，然后以 1～5℃/s 冷速冷却至室温，得到铁素体相变膨胀曲线；采用混合模式相变模型对连续冷却相变动力学进行描述，以期获得与 Nb 相关的固溶拖曳参数，例如 Nb 与相界面的作用能、跨越相界面的扩散速率等。

5.2 实验材料及方法

采用 X65 管线钢作为实验用钢，化学成分如表 5-1 所示。基于 Fe2000 热力学数据库，Thermo Calc 软件计算的 A_{e3} 温度为 839℃。热模拟试样取自热轧板轧制方向，为圆柱形拉伸试样，工作区尺寸为 $\phi 6mm \times 10mm$。

表 5-1 　实验钢的化学成分（质量分数）

C	Mn	Si	P	S	Al	Nb	N
0. 06	1. 49	0. 2	0. 009	0. 002	0. 038	0. 047	0. 0094

热模拟实验在 Gleeble3500 上进行，工艺如图 5-1 所示。根据之前的研究结果[74]，试样首先将在 1200℃ 保温 2min，完全溶解碳化铌析出物；然后在 1050℃ 以 $1s^{-1}$ 变形至真应变 0.3，保温 20s 后获得尺寸为 $40\mu m$ 的奥氏体再结晶晶粒；接下来，以 100℃/s 快速冷却至 900℃，保温 0、2min 和 20min 获得不同的固溶 Nb 含量；最后，以 1℃/s，2℃/s，5℃/s 连续冷却至室温。在连

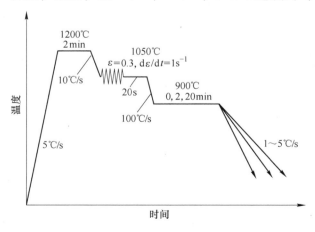

图 5-1　Gleeble 热模拟实验工艺流程

续冷却过程中，分别采用 K 型热电偶和热膨胀仪监控并记录温度和试样直径膨胀量，通过杠杆法则转换为温度-相变分数动力学曲线。试样金相分析采用传统的检测方法，用 2% 的硝酸酒精溶液腐蚀；依据 ASTM E562 标准进行铁素体分数金相统计。

Park 等[75]对一种相近成分含铌钢（Fe-0.08C-1.21Mn-0.2Si-0.038Nb-0.0017N）的析出动力学进行了研究，如图 5-2 所示。依据该研究结果，当前实验钢在 900℃ 等温 0、2min 和 20min 后的 Nb 含量（质量分数）分别为 0.047%、0.038% 和 0.0073%。

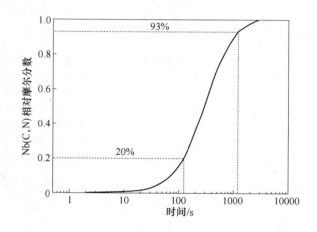

图 5-2　在 900℃ 等温时的 Nb（C，N）析出量估算

5.3　结果与讨论

5.3.1　实验观察

图 5-3 示出了冷却速率为 1℃/s 和 5℃/s 时，不同 Nb 含量对奥氏体分解动力学的影响规律。例如，在 1℃/s 时，当 Nb 含量从 0.0073% 增加到 0.038% 时，整个相变进程向低温推移了 15℃；当 Nb 含量增加至 0.047% 时，又继续向低温区域推移了 15℃；50% 相变量对应的温度从 700℃ 降低至 670℃。在更高的冷速条件下（5℃/s），50% 相变量对应的温度都大约在 625℃；Nb 对相变进程的推迟效应只体现在相变初期（<50% 相变分数），例如，当 Nb 含量从 0.0073% 增加到 0.047% 时，相变开始温度（5% 相变分数

对应温度）从709℃降低至674℃；而在相变后期，相变进程几乎与Nb含量无关，相变都在大约520℃时结束。

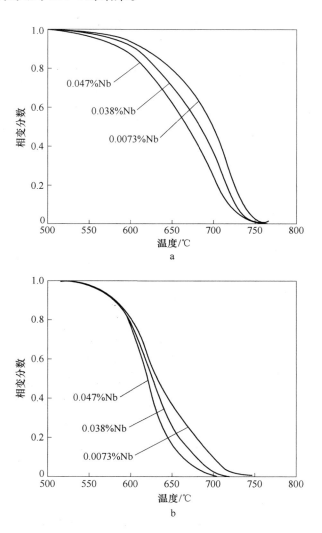

图5-3 在不同Nb含量条件下的奥氏体分解动力学

a—1℃/s；b—5℃/s

图5-4显示了两种冷却速率(1℃/s和5℃/s)以及最高和最低Nb含量时的试样金相照片。与预期的一样，由于较高冷速或者较高Nb含量导致的低温相变现象明显。例如，在最高的相变温度下（1℃/s，0.0073% Nb），微观组

织由铁素体以及部分珠光体和贝氏体构成，如图 5-4a 所示；只增加 Nb 含量，导致铁素体分数的减少、贝氏体含量的增加，如图 5-4b 所示。对于较高的冷却速率（5℃/s），由于相变开始温度降低，微观组织以贝氏体为主；在较低 Nb 含量条件下，仍然可以观察到大量沿奥氏体晶界形成的多边形铁素体，如图 5-4c 所示；而最大 Nb 含量时，多边形铁素体大大降低。

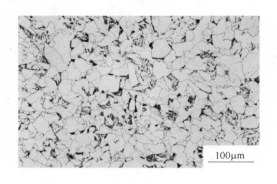

a

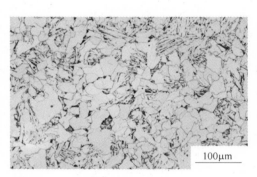

b

c

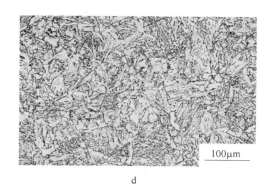

图 5-4 连续冷却相变试样的金相照片

a—1℃/s, 0.0073% Nb; b—1℃/s, 0.047% Nb;

c—5℃/s, 0.0073% Nb; d—5℃/s, 0.047% Nb;

5.3.2 铁素体相变开始温度模型

如前所述，Nb 是一个铁素体稳定元素，较大的 Nb 含量会从热力学上促进铁素体的相变；而 Nb 对铁素体相变的抑制作用主要是动力学表现。

为了描述铁素体相变开始温度，采用了一个之前被广泛应用的针对普通低碳钢模型[61]，模型中假设铁素体在奥氏体晶界形核，形核温度为 T_N，碳扩散控制铁素体晶核的早期生长。该模型经过改进后[76]，可以将 Nb 含量对相变开始温度的影响考虑在内，如下所示：

$$\frac{\mathrm{d}R_f}{\mathrm{d}t} = D_C \frac{C_\gamma - C_o}{C_\gamma - C_\alpha} \frac{1}{R_f} \left(1 + \frac{D_C \alpha C_{Nb}}{R_f} \right)^{-1} \tag{5-1}$$

式中　R_f——新形核铁素体的直径；

　　　D_C——碳在奥氏体中的扩散系数[77]；

　　　C_o——钢中的碳含量；

　C_α，C_γ——铁素体、奥氏体中的平衡碳浓度；

　　　C_{Nb}——Nb 含量；

　　　α——与 Nb 和相界面作用强度相关的参数。

在全平衡假设条件下，采用 Thermo-Calc 热力学软件可计算碳在两相中的平衡浓度。当相变分数达到 5% 时，相变满足位置饱和条件，即当奥氏体晶界区域碳含量达到 C^* 时，晶界已经不再具备形核条件，如下所示。

$$R_f > \frac{1}{\sqrt{2}} \frac{C^* - C_o}{C_\gamma - C_o} d_\gamma \qquad (5-2)$$

式中 d_γ——奥氏体晶粒直径。

式（5-2）是计算相变开始温度 T_s 的必要条件。因此，通过将上述模型与实测相变开始温度进行拟合，可以得到模型中的参数 T_N、C^* 和 α，如表 5-2 所示。

表 5-2　铁素体相变开始温度模型的参数

$T_N/℃$	C^*/C_o	$\alpha/(s/\mu m) \cdot (wt. ppm)^{-1}$
772	2.24	8.7×10^{-3}

图 5-5 示出了实测值与模型预测值的对比，可以看出，在不同冷却速率和 Nb 含量条件下，模型均能预测给出一个合理的、准确的相变开始温度。

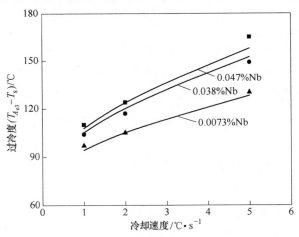

图 5-5　不同 Nb 含量条件下，相变开始时需要的
过冷度实测值与模型预测值的对比

5.3.3　相变动力学模型

本节中采用混合模式（mixed-mode）相变模型描述 Nb 对铁素体相变动力

学的影响，模型中考虑碳在奥氏体的长程扩散和 Nb 对相界面的固溶拖拽，相界面的迁移速度为：

$$v = M(\Delta G_{\text{chem}} - \Delta G_{\text{SD}}) \tag{5-3}$$

式中 M——相界面的本征迁移率；

ΔG_{chem}，ΔG_{SD}——相变化学驱动力、固溶拖拽力。

采用 Thermo-Calc 热力学软件，假设相界面满足准平衡条件（即置换固溶原子保持晶格位置不变，而碳在相界面两侧达到化学式平衡），即可计算铁素体相变驱动力[58]。

固溶拖拽是由于相界面内固溶合金元素的非对称分布导致的，按照 Fazeli 和 Militzer[58] 提出的模型计算。在模型中，浓度、距离和速度都是用无量纲参数表示，例如 $C = C_{\text{s}}/C_{\text{S},0}$，$X = x/\delta$ 和 $V = v\delta/D_{\text{b}}$，其中 $C_{\text{S},0}$ 是钢中合金元素浓度，x 是相界面内的横坐标，D_{b} 是合金元素跨越相界面的扩散速率。假设一个非对称的势能阱，相界面内的势能梯度表示为：

$$\begin{cases} \dfrac{\partial E}{\partial X} = \Delta E - E_0 & -1 < X < 0 \\[3mm] \dfrac{\partial E}{\partial X} = \Delta E + E_0 & 0 < X < 1 \end{cases} \tag{5-4}$$

式中 E_0——合金元素与相界面的相互作用能；

     ΔE——合金元素在相界面两侧化学势差的一半。

在此，E_0 是以正值表示，代表合金元素与相界面的相互作用强度[78]。因此，Nb 在相界面内的浓度分布可通过求解以下偏微分方程获得：

$$\frac{\partial C_{\text{new}}}{\partial X} + \frac{C_{\text{new}}}{RT}\frac{\partial E}{\partial X}\bigg|_{\text{new}} + V\bigg[C_{\text{new}} - \exp\bigg(\frac{\Delta E}{RT}X\bigg)\bigg] = 0 \tag{5-5}$$

在式（5-5）中引入了有效浓度（C_{new}）和势能梯度 $\left(\dfrac{\partial E}{\partial X}\Big|_{\text{new}}\right)$ 的概念，以避免在相界面迁移速率为零时还存在有固溶拖拽力，C_{new} 和 $\dfrac{\partial E}{\partial X}\Big|_{\text{new}}$ 被定义为[58]：

$$C_{\text{new}} = C\exp\bigg(\frac{\Delta E}{RT}X\bigg) \tag{5-6}$$

$$\frac{\partial E}{\partial X}\bigg|_{\text{new}} = \frac{\partial E}{\partial X} - \Delta E \tag{5-7}$$

通过累计相界面内所有 Nb 原子对相界面迁移的作用力，可以得到固溶拖拽力的表达式如下[58]：

$$\Delta G_{\text{SD}} = - C_{\text{S},0} \int_{-1}^{1} (C_{\text{new}} - 1) \frac{\partial E}{\partial X}\bigg|_{\text{new}} \mathrm{d}X \tag{5-8}$$

其次，为了将相界面迁移与铁素体相变分数相对应，需要一个合适的几何假设。在图 5-4c 中，可以清楚地观察到铁素体在奥氏体晶界形核，并向晶内生长的形貌。因此，如图 5-6 所示，可以假设一个球形的奥氏体晶粒，具有一个壳状的铁素体，并向内生长。这种几何假设适用于满足位置饱和、铁素体长大控制动力学的相变类型。

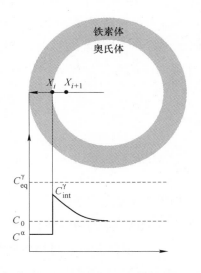

图 5-6 动力学模型中假设的球状生长模型

图 5-7 为相变计算流程图。在程序中，球形奥氏体晶粒沿半径方向被划分为 500 份，以求解奥氏体中碳的扩散方程。在初始时刻，奥氏体中碳分布均匀，具有钢的碳浓度。在第一个计算循环，铁素体在自由能差的驱动下在最外层节点形核并向内开始生长，相变温度比定义的相变开始温度（5% 相变分数）高约 10℃。接下来的计算循环步骤相同，即首先根据碳分布和上一个循环得到的界面迁移速率计算 ΔG_{chem} 和 ΔG_{SD}；然后根据式（3-3）得到相界面迁移速率，并计算相界面向内迁移一个节点所需要的时间；采用隐式有限差

分方法，求解碳的浓度分布；最后，如果温度高于实验测得的相变终止温度（T_f）则进入下一个计算循环。

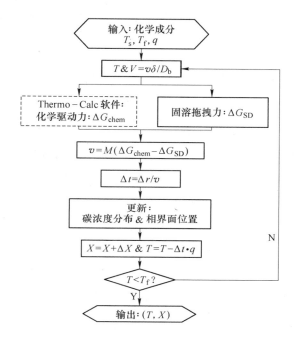

图 5-7　相变计算程序流程图

除了 E_0 之外，模型中还包括界面本征迁移率和跨越相界面的扩散系数，如下所示：

$$M = M_0 \exp\left(-\frac{Q}{RT}\right) \tag{5-9}$$

$$\frac{D_b}{\delta} = \frac{D_0}{\delta} \exp\left(-\frac{Q_b}{RT}\right) \tag{5-10}$$

式中　M_0，D_0——指数前因子；

　　　Q，Q_b——激活能。

D_0 和 Q 均取自文献，而 M_0 和 Q_b 则为未知、待拟合参数。在本模型中，假设 D_0 为 Nb 在铁素体[79,80]和奥氏体[81]扩散系数前指数因子的几何平均值，在相界面宽度为 1nm 的条件下，D_0/δ 约为 $33.5 \times 10^7 \text{cm/s}$；而本征界面迁移率中的激活能 Q 通常采用 140kJ/mol[48]。

总而言之，模型中待拟合参数包括 M_0、Q_b 和 E_0，拟合原则是实现所有实验条件下模型预测与实测量相变分数差值的最小化。按照以上步骤，拟合得到的参数如表 5-3 所示。如图 5-8 所示，考虑到当前模型的简单易用性以及简单的几何模型假设，模型预测值与实测值吻合良好。

表 5-3　铁素体生长模型拟合参数

$M_0/\text{cm} \cdot \text{mol} \cdot (\text{J} \cdot \text{s})^{-1}$	$Q_b/\text{kJ} \cdot \text{mol}^{-1}$	$E_0/\text{kJ} \cdot \text{mol}^{-1}$
2.5	263	48

为了研究模型的物理冶金学意义，需要对模型参数进行合理性分析。如表 5-3 所示，三个拟合参数均具有相应的物理意义。界面迁移率的前指数因子约为 Krielaart 和 Van der Zwaag[48] 针对 Fe-Mn 系合金提出数值（$5.8\text{cm} \cdot \text{mol}/(\text{J} \cdot \text{s})$）的 1/2，但在他们的研究中并未考虑固溶拖拽效应，因此它更应该被视作有效值而不是本征值。在之前其他学者的研究工作中，如果考虑到固溶拖拽效应，M_0 在 $450 \sim 3000\text{cm} \cdot \text{mol}/(\text{J} \cdot \text{s})$ 的范围内[78,82,83]；这些研究均是针对 Fe 合金或者低碳钢（$< 0.007\%$ C），而当前实验钢中碳含量提高了一个数量级。由于任一固溶在铁基体晶格中的原子均会影响相变中 FCC 向 BCC 晶格结构的转变，因此，M_0 的差异可以归结为钢种化学成分的差异，尤其是碳含量。

图 5-9 显示了 Nb 跨越相界面扩散系数位于奥氏体、铁素体基体中扩散系数之间，这与 Zurob 等[84~86] 采用的几何平均值假设也相一致。在所有的拟合参数中，E_0 是另一个比较重要物理参数。迄今为止，仍然没有任何关于 Nb 与相界面相互作用能的实验检测数据，但 Nb 偏聚至铁素体晶界的实验研究可以作为一个参考。最近，Maruyama 等[87] 针对 Fe-0.087at% Nb 合金，采用一种 3-D 原子探针研究方法测量了 800℃时 Nb 在铁素体晶界的偏聚量。实验结果表明，在 $1 \sim 2\text{nm}$ 的晶界偏聚宽度范围内，Nb 的界面偏聚浓度达到了 $9.7 \pm 2.7 \times 10^{17}\text{atoms/m}^2$。假设一个楔形的作用势能和 2nm 的界面宽度，Sinclair 等[88] 计算得出 Nb 的 E_0 达到 28.9kJ/mol。如果采用本节中界面宽度假设为 1nm，E_0 可以增大到 36.7kJ/mol，与本节中得到的数值相当。在另一个研究中，金浩等[89] 采用密度泛函理论（DFT）计算了 Nb 与 Σ5 铁素体晶界的相互作用能，E_0 随晶格位置的不同在 $36 \sim 48\text{kJ/mol}$ 范围内变化，均值达 39kJ/mol；这与 Maruyama 等[87] 的原子探针研究结果非常接近。

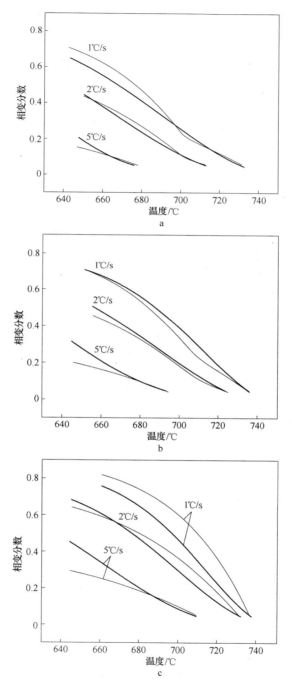

图 5-8　相变动力学实测值（粗实线）与模型预测值（细实线）的对比

a—0.047% Nb；b—0.038% Nb；c—0.0073% Nb

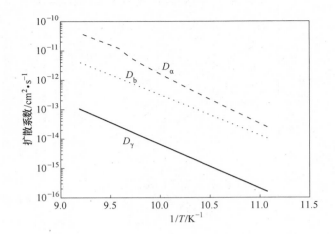

图 5-9 跨越相界面扩散系数与奥氏体、铁素体基体扩散系数对比

5.4 本章小结

（1）基于混合模式（mixed-mode）模型与固溶拖拽，本章对含铌钢中奥氏体向铁素体相变动力学进行了建模研究，模型预测值与实测值吻合良好。

（2）跨越相界面的扩散系数位于奥氏体、铁素体基体扩散系数之间，与 Zurob 等[84~86]采用的几何平均假设相一致；而 Nb 与相界面的相互作用能与 Maruyama 等[87]关于 Nb 在铁素体晶界偏聚的实验研究结果相近。

（3）此外，本研究表明相界面本征迁移率前指数因子与钢种化学成分相关，尤其是碳含量；而激活能为 140kJ/mol 的假设仍然适用于低碳、低合金化的铁基合金。

6 结　论

相变是热轧过程中控制钢的微观组织与性能最重要的环节之一，本研究报告从 JMAK 经验模型与基于扩散与界面反应的理论模型两个方面对普碳钢、含 Nb 微合金钢、CP 钢及 TRIP 钢的相变动力学进行描述，取得的主要结论如下：

（1）本报告对采用 JMAK 模型建立连续冷却相变动力学的方法进行了系统的分析与论述。这一部分工作是以 RIOS 理论分析为基础，从 RIOS 方法的应用、修正与拓展及可加性法则的适用性等几个方面开展研究，建立了一套完备的基于 JMAK 模型的连续冷却相变动力学建模方法。根据文献与本报告研究结果，JMAK 模型作为半经验半理论模型，可对相变动力学实现快速分析，例如指数 n 与铁素体相变形核位置及生长维度的内在联系，动力学参数 k 对于相变速率、尤其是鼻尖温度的反映，对冷却工艺开发具有重要的指导意义。

（2）针对 Fe-Mn 合金的奥氏体向铁素体相变，考虑为界面反应控制模式，对 Mn 与相界面的相互作用进行了深入研究与定量分析。研究发现，Mn 的界面扩散激活能仅为铁素体基体的 92%，即 216kJ/mol，表明 Mn 在相界面内的快速扩散；Mn 与相界面的结合能为 6～16kJ/mol，与其对奥氏体、铁素体晶界的结合能实测值近似，结合能随着 Mn 含量的增加而降低，可以解释为相界面内存在偏好的原子位置，它们具有较高的结合能，随着越来越多的 Mn 原子偏聚到相界面，平均结合能逐渐降低。

（3）采用混合相变模式与固溶拖曳模型，模拟了不同固溶 Nb 含量下的奥氏体向铁素体连续冷却相变动力学；Nb 穿越相界面的扩散系数位于奥氏体、铁素体基体扩散系数之间，与几何平均假设相一致；模拟得到 Nb 与相界面的相互作用能为 48kJ/mol，与 Nb 在铁素体晶界偏聚的实验研究结果相近；化学成分与相界面本征迁移率的前指数因子密切相关，尤其是碳含量；而激活能为 140kJ/mol 的假设仍然适用于低碳、低合金化的铁基合金。

参 考 文 献

[1] Avrami M. Kinetics of Phase Change Ⅱ: Transformation-Time Relation for Random Distribution of Nuclei [J]. Journal of Chemical Physics, 1940, 8: 212 ~ 224.

[2] Johnson W A, Mehl R F. Reactions in process of nucleation and growth [J]. Transaction AIME, 1939, 135(8): 416 ~ 442.

[3] 陈浩. 间隙型铁基合金奥氏体→铁素体相变动力学过程分析[D]. 天津: 天津大学, 2009.

[4] Kempen A T W, Sommer F, Mittemeijer E J. The kinetics of the austenite-ferrite phase transformation of Fe-Mn: differential thermal analysis during cooling [J]. Acta Materialia, 2002, 50 (14): 3545 ~ 3555.

[5] Serajzadeh S. Prediction of temperature distribution and phase transformation on the run-out table in the process of hot strip rolling [J]. Applied Mathematical Modeling, 2003, 27 (11): 861 ~ 875.

[6] Ahmadabadi M N, Farjami S. Transformation kinetics of unalloyed and high Mn austempered ductile iron[J]. Materials Science and Technology, 2003, 19(5): 645 ~ 649.

[7] Cahn J W. Transformation kinetics during continuous cooling[J]. Acta Metallurgical, 1956, 4 (6): 572 ~ 575.

[8] Kamat R G, Hawbolt E B, Brown L C, Brimacombe J K. Principle of additivity and the proeutectoid ferrite transformation [J]. Metallurgical Materials Transactions A, 1992, 23 (9): 2469 ~ 2690.

[9] Umemoto M, Horiuchi K, and Tamura I. Transformation kinetics of bainite during isothermal holding and continuous cooling[J]. Transaction of ISIJ, 1982, 22(11): 854 ~ 861.

[10] Kuban M B, Jayaraman R, Hawbolt E B, Brimacombe E K. An assessment of the additivity principle in predicting continuous-cooling austenite-to-pearlite transformation kinetics using isothermal transformation data[J]. Metallurgical Transaction A, 1986, 17A: 1493 ~ 1503.

[11] Lusk M, Jou H-J. On the rule of additivity in phase transformation kinetics[J]. Metallurgical Transaction A, 1997, 28(2): 287 ~ 291.

[12] Ye J S, Chang H B, Hsu T Y. On the application of additivity rule in pearlitic transformation in low alloy steels[J]. Metallurgical and Materials Transactions A, 2003, 34(6): 1259 ~ 1264.

[13] Zhu Y T, Lowe T C. Application of, and precautions for the use of, the rule of additivity in phase transformation[J]. Metallurgical and Materials Transactions B, 2000, 31(4): 675 ~ 682.

[14] Pont D, Bergheau J M, Rochette M, Fortunier R. Proc. 2nd Int. Symp. on 'Inverse Problems in Engineering Mechanics', Paris, France, November 1994, Balkema, Rotterdam, 151 ~ 156.

[15] Malinov S, Guo Z, Sha W, Wilson A. Differential scanning calorimetry study and computer modeling of β→α phase transformation in a Ti-6Al-4V alloy [J]. Metallurgical and Materials Transaction A, 2001, 32(4): 879 ~ 887.

[16] Rios P R. Relationship between non-isothermal transformation curves and isothermal and non-isothermal kinetics[J]. Acta Materialia, 2005, 53(18): 4893 ~ 4901.

[17] Van der Ven A, Delaey L. Models for precipitate growth during the γ→γ + α transformation in Fe-C and Fe-C-M alloys[J]. Progress in Materials Science, 1996, 40: 181 ~ 264.

[18] Coates D E. Diffusional growth limitation and hardenability [J]. Metallurgical Transactions, 1973, 4: 2313 ~ 2325.

[19] Fazeli F. Modeling the decomposition into ferrite and bainite [D]. Vancouver: University of British Columbia, 2005.

[20] Yuan X Q, Liu Z Y, Jiao S H, Ma L Q, Wang G D. The onset temperature of γ to α-phase transformation in hot deformed and non-deformed Nb micro-alloyed steels [J]. ISIJ international, 2006, 46(4): 579 ~ 585.

[21] Pham T T, Hawbolt E B, Brimacombe J K. Predicting the onset of transformation under non-continuous cooling conditions: Part Ⅰ. Theory [J]. Metallurgical and Materials Transaction A, 1995, 26(8): 1987 ~ 1992.

[22] Pham T T, Hawbolt E B, Brimacombe J K. Predicting the onset of transformation under noncontinuous cooling conditions: Part Ⅱ. Application to the austenite pearlite transformation [J]. Metallurgical and Materials Transaction A, 1995, 26(8): 1993 ~ 2000.

[23] Onink M, et al. The lattice parameter of austenite and ferrite in iron-carbon alloys as function of carbon concentration and temperature [J]. Scripta Metallurgical Materials, 1993, 29 (8): 1011 ~ 1016.

[24] Bhadeshia H K D H, et al. Stress induced transformation to bainite in Fe-Cr-Mo-C pressure vessel steel [J]. Materials Science and Technology, 1991, 7(8): 686 ~ 698.

[25] Téti T, Felde I. A non-linear extension of the additivity rule [J]. Computational Materials Science. 1999, 15(4): 466 ~ 482.

[26] Herrera F, Lozano M, Verdegay J L. Tackling real-coded genetic algorithms: operators and tools for behavioural analysis[J]. Artificial Intelligence Review, 1998, 12(4): 265 ~ 319.

[27] Enomoto M, Yang J B. Simulation of nucleation of proeutectoid ferrite at austenite grain boundary during continuous cooling [J]. Metallurgical Transaction A, 2008, 39(5): 994 ~ 1002.

[28] Enomoto M, Aaronson H I. Nucleation kinetics of proeutectoid ferrite at austenite grain boundary in Fe-C-X alloys [J]. Metallurgical Transaction A, 1986, 17(8): 1385 ~ 1397.

[29] Enomoto M, Lange W F Ⅲ, Aaronson H I. The kinetics of ferrite nucleation at austenite grain edges in Fe-C and Fe-C-X alloys [J]. Metallurgical Transaction A, 1986, 17 (8): 1399~1407.

[30] Lange W F Ⅲ, Enomoto M, Aaronson H I. The kinetics of ferrite nucleation at austenite grain boundary in Fe-C alloys [J]. Metallurgical Transaction A, 1988, 19(3): 427~440.

[31] Abe T, Aaronson H I, Shiflet G J. Growth kinetics and morphology of grain boundary ferrite allotriomorphs in an Fe-C-V alloy [J]. Metallurgical Transaction A, 1985, 16(4): 521~527.

[32] Inagakl H. Nucleation of the proeutectoid ferrite and its role in the formation of the transformation texture in a low carbon steel [J]. Zeitschrift fuer Metallkde, 1987, 78(2): 87~96.

[33] Umemoto M, Guo Z H, Tamura I. Effect of cooling rate on grain size of ferrite in a carbon steel [J]. Materials Science and Technology, 1987, 3(4): 249~255.

[34] YE J S, HSU T Y. Modification of the additivity hypothesis with experiment [J]. ISIJ International, 2004, 44(4): 777~779.

[35] HSU T Y. Additivity hypothesis and effects of stress on phase transformations in steel [J]. Current Opinion in Solid State and Materials Science, 2005, 9(6): 256~268.

[36] Sarkar S, Militzer M. Microstructure evolution model for hot strip rolling of a Nb-microalloyed complex-phase steel [J]. Materials Science and Technology, 2008, 25(9): 1134~1146.

[37] Liu D S, et al. A microstructure evolution model for hot rolling of a Mo-TRIP steel [J]. Metallurgical and materials transactions A, 2007, 38(4): 894~909.

[38] Zhao J Z, Mesplont C, De Cooman B C. Kinetics of phase transformations in steels: A new method for analyzing dilatometric results [J]. ISIJ International, 2001, 41(5): 492~497.

[39] Gómez M, Medina S F, Caruana G. Modelling of phase transformation kinetics by correction of dilatometry results for a ferrite Nb-microalloyed steel [J]. ISIJ International, 2003, 43(8): 1228~1237.

[40] Militzer M, Hawbolt E B, Meadowcroft T R. Microstructural model for hot rolling of high-strength low-alloy steels [J]. Metallurgical and Materials Transactions A, 2000, 31(4): 1247~1259.

[41] Militzer M. Modelling of microstructure evolution and properties of low-carbon steels[J]. Acta Metallurgica Sinica (English Letters), 2000, 13(2): 574~580.

[42] Kwon O. A Technology for the Prediction and Control of Microstructural Changes and Mechanical Properties in Steel [J]. ISIJ International, 1992, 32(3): 350~358.

[43] Han H N, Lee J K, Kim H J, Jin Y S. A model for deformation, temperature and phase transformation behavior of steels on run-out table in hot strip mill [J]. Journal of Materials processing

technology, 2002, 128: 216 ~ 225.

[44] Purdy G, Ågren J, Borgenstam A, Bréchet Y, Enomoto M, Furuhara T, Gamsjäger E, Gouné M, Hillert M, Hutchinson C, Militzer M, Zurob H. Metallurgical and Materials Transactions A, 2011, 42: 3703 ~ 3718.

[45] Chen H, Appolaire B, Van der Zwaag S. Application of cyclic partial phase transformations for identifying kinetic transitions during solid-state phase transformations: Experiments and modeling [J]. Acta Materialia, 2011, 59(17): 6751 ~ 6760.

[46] Zurob H S, Hutchinson C R, Bréchet Y, Seyedrezai H, Purdy G R. Kinetic transitions during non-partitioned ferrite growth in Fe-C-X alloys [J]. Acta Materialia, 2009, 57 (9): 2781 ~ 2792.

[47] Krielaart G P, Sietsma J, Van der Zwaag S. Ferrite formation in Fe-C alloys during austenite decomposition under non-equilibrium interface condition [J]. Materials Science and Engineering A, 1997, 237(2): 216 ~ 223.

[48] Krielaart G P, Van der Zwaag S. Kinetics of $\gamma \rightarrow \alpha$ phase transformation in Fe-Mn alloys containing low manganese [J]. Materials Science and Technology, 1998, 14(1): 10 ~ 18.

[49] Kop T A, Y Leeuwen Van, Sietsma J, Van der Zwaag S. Modelling the Austenite to Ferrite Phase Transformation in Low Carbon Steels in Terms of the Interface Mobility [J]. ISIJ International, 2000, 40(7): 713 ~ 718.

[50] Mecozzi M G, Militzer M, Sietsma J, Van der Zwaag S. The role of nucleation behavior in phase-field simulations of the austenite to ferrite transformation [J]. Metallurgical and Materials Transactions A, 2008, 39(6): 1237 ~ 1247.

[51] Militzer M, Mecozzi M G, Sietsma J, Van der Zwaag S. Three-dimensional phase field modelling of the austenite-to-ferrite transformation [J]. Acta Materialia, 2006, 54(15): 3961 ~ 3972.

[52] Bradley J R, Aaronson H I. Growth kinetics of grain boundary ferrite allotriomorphs in Fe-C-X alloys [J]. Metallurgical Transactions A, 1981, 12(10): 1729 ~ 1741.

[53] Cahn J W. The Impurity-Drag Effect in Grain Boundary Motion [J]. Acta Metallurgica, 1962, 10(9): 789 ~ 798.

[54] Purdy G R, Bréchet Y J M. A solute drag treatment of the effects of alloying elements on the rate of the proeutectoid ferrite transformation in steels [J]. Acta Metallurgica et Materialia, 1995, 43(10): 3763 ~ 3774.

[55] Suehiro M, Liu Z K, Ågren J. Effect of niobium on massive transformation in ultra low carbon steels: a solute drag treatment [J]. Acta Materialia, 1996, 44(10): 4241 ~ 4251.

[56] Wu K M, Kagayama M, Enomoto M. Kinetics of ferrite transformation in an Fe-0. 28% C-3%

Mo alloy [J]. Materials Science and Engineering A, 2003, 343(1~2): 143~150.

[57] Odqvist J, Sundman B, Ågren J. A general method for calculating deviation from local equilibrium at phase interface [J]. Acta Materialia, 2003, 51(4): 1035~1043.

[58] Fazeli F, Militzer M. Application of Solute Drag Theory to Model Ferrite Formation in Multiphase Steels [J]. Metallurgical and Materials Transactions A, 2005, 36(6): 1395~1405.

[59] Enomoto M, White C L, Aaronson H I. Evaluation of the effects of segregation on austenite grain boundary energy in Fe-C-X alloys[J]. Metallurgical Transactions A, 1988, 19(7): 1807~1818.

[60] Guttmann M. Equilibrium segregation in a ternary solution: A model for temper embrittlement [J]. Surface Science, 1975, 53(1): 213~227.

[61] Militzer M, Pandi R, Hawbolt E B. Ferrite Nucleation and Growth During Continuous Cooling [J]. Metallurgical and Materials Transactions, 1996, 27(6): 1547~1556.

[62] Sun S J, Pugh M. Manganese partitioning in dual-phase steel during annealing [J]. Material Science and Engineering A, 2000, 276(1~2): 167~174.

[63] Oikawa H. Lattice Diffusion in Iron-A Review [J]. Tetsu-to-Hagané, 1982, 68(10): 1489~1497.

[64] Song H J. A Molecular Dynamics Study of the Austenite-Ferrite Interface Mobility in Pure Fe [D], Hamilton, McMaster University, 2011.

[65] Wachowicz E, Ossowski T, Kiejna A. Cohesive and magnetic properties of grain boundaries in bcc Fe with Cr additions [J]. Physical Review B, 2010, 81(9): 94~104.

[66] Itman A, Cardoso K R, Kestenbach H J. Mater Sci Technol, 1997, 13: 49.

[67] DeArdo A J. Mater Rev, 2003, 48(6): 371.

[68] Fossaert C, Rees G, Maurickx T, Bhadeshia H K D H. Metall Mater Trans A, 1995, 26: 21.

[69] Lee K J, Lee J K. Scr Mater, 1999, 40(7): 831.

[70] Sharma R C, Purdy G R. Metall Trans A, 1974, 5: 939.

[71] Jung Y C, Ueno H, Ohtsubo H, Nakai K, Ohmori Y. ISIJ Int, 1995, 35(8): 1001.

[72] Thomas M H, Michal G M. In: Aaronson H I, Laughlin D E, Sekerka R F, Wayman C M, eds. , Proc Int Conf on Solid-Solid Phase Transformation, Warrendale: TMS-AIME, 1981: 469.

[73] Rees G I, Perdrix J, Maurickx T, Bhadeshia H K D H. Mater Sci Eng A, 1995, 194: 179.

[74] Gerami S. Master's thesis, University of British Columbia, Vancouver, 2010.

[75] Park J S, Ha Y S, Lee S J, Lee Y K. Metall. Mater. Trans. A, 2009, 40A: 560~568.

[76] Militzer M, Fazeli F, Azizi-Alizamini H. Metallurgica Italiana, 2011, 103(4): 35~41.

[77] Ågren J. Acta Mater, 1986, 20: 1507~1510.

［78］ Jia T, Militzer M. ISIJ Int, 2012, 52: 644 ~649.

［79］ Geise J, Herzig C, Metallk Z. 1985, 76: 622 ~626.

［80］ Herzig C, Geise J, Divinski S V, Metallk Z. 2002, 93: 1180 ~1187.

［81］ Akamatsu S, Senuma T, Hasebe M. ISIJ Int. , 1992, 32: 275 ~282.

［82］ Gamsjäger E, Militzer M, Fazeli F, Svoboda J, Fischer F D. Comput. Mater. Sci. , 2006, 37: 94 ~100.

［83］ Kozeschnik E, Gamsjäger E. Metall. Mater. Trans. A, 2006, 37A: 1791 ~1797.

［84］ Zurob H S, Panahi D, Hutchinson C R, Bréchet Y J M, Purdy G R. Metall. Mater. Trans. A, 2013, 44A: 3456 ~3471.

［85］ Béché A, Zurob H S, Hutchinson C R. Metall. Mater. Trans. A, 2007, 38A: 2950 ~2955.

［86］ Qiu C, Zurob H S, Panahi D, Bréchet Y J M. Purdy G R, Hutchinson C R. Metall. Mater. Trans. A, 2013, 44A: 3472 ~3483.

［87］ Maruyama N, Smith G D W, Cerezo A. Mater. Sci. Eng. A, 2003, 353A: 126 ~132.

［88］ Sinclair C W, Hutchinson C R, Bréchet Y. Metall. Mater. Trans. A, 2007, 38A: 821 ~830.

［89］ Jin H, Elfimov I, Militzer M. J. Appl. Phys, 2014, 115: 093506-1 ~093506-8.

RAL · NEU 研究报告

（截至 2015 年）

No. 0001　大热输入焊接用钢组织控制技术研究与应用

No. 0002　850mm 不锈钢两级自动化控制系统研究与应用

No. 0003　1450mm 酸洗冷连轧机组自动化控制系统研究与应用

No. 0004　钢中微合金元素析出及组织性能控制

No. 0005　高品质电工钢的研究与开发

No. 0006　新一代 TMCP 技术在钢管热处理工艺与设备中的应用研究

No. 0007　真空制坯复合轧制技术与工艺

No. 0008　高强度低合金耐磨钢研制开发与工业化应用

No. 0009　热轧中厚板新一代 TMCP 技术研究与应用

No. 0010　中厚板连续热处理关键技术研究与应用

No. 0011　冷轧润滑系统设计理论及混合润滑机理研究

No. 0012　基于超快冷技术含 Nb 钢组织性能控制及应用

No. 0013　奥氏体-铁素体相变动力学研究

No. 0014　高合金材料热加工图及组织演变

No. 0015　中厚板平面形状控制模型研究与工业实践

No. 0016　轴承钢超快速冷却技术研究与开发

No. 0017　高品质电工钢薄带连铸制造理论与工艺技术研究

No. 0018　热轧双相钢先进生产工艺研究与开发

No. 0019　点焊冲击性能测试技术与设备

No. 0020　新一代 TMCP 条件下热轧钢材组织性能调控基本规律及典型应用

No. 0021　热轧板带钢新一代 TMCP 工艺与装备技术开发及应用

（2016 年待续）